U0162963

固定翼垂直起降飞行器跟踪控制

邹立颖　著

哈尔滨工程大学出版社
Harbin Engineering University Press

内容简介

本书内容分为四个部分。第一部分为基础部分(第1、2章),第1章阐述了固定翼垂直起降(VTOL)飞行器跟踪控制的研究背景,分析了国内外垂直起降技术的研究现状,介绍了现代非线性控制方法在飞行器控制中的应用现状。第2章介绍了VTOL飞行器的分类、喷气推力类推进系统和典型VTOL飞行器的特点,给出了VTOL飞行器动力学模型的建立过程。第二部分为VTOL飞行器轨迹跟踪抗干扰控制(第3、4、5章),应用非线性控制理论(自适应I&I控制、滑模控制、非线性干扰观测器等)研究了输入存在干扰时的VTOL飞行器的跟踪控制问题。第三部分为VTOL飞行器视觉伺服定点控制(第6章),提出了一种基于图像的视觉伺服控制方法。第四部分为VTOL飞行器有限时间控制(第7章),提出了基于有限时间观测器技术的输出反馈控制方案。

本书内容翔实,论证严谨,可以作为飞行器控制方向相关科研人员和研究生学习的参考用书。

图书在版编目(CIP)数据

固定翼垂直起降飞行器跟踪控制/邹立颖著. —哈尔滨:哈尔滨工程大学出版社, 2022.6
ISBN 978-7-5661-3479-0

Ⅰ. ①固… Ⅱ. ①邹… Ⅲ. ①垂直起落-飞行器-跟踪控制 Ⅳ. ①V275

中国版本图书馆CIP数据核字(2022)第066181号

固定翼垂直起降飞行器跟踪控制
GUDINGYI CHUIZHI QIJIANG FEIXINGQI GENZONG KONGZHI

选题策划 张志雯
责任编辑 丁 伟
封面设计 李海波

出版发行 哈尔滨工程大学出版社
社　　址 哈尔滨市南岗区南通大街145号
邮政编码 150001
发行电话 0451-82519328
传　　真 0451-82519699
经　　销 新华书店
印　　刷 北京中石油彩色印刷有限责任公司
开　　本 787 mm×960 mm 1/16
印　　张 7
字　　数 131千字
版　　次 2022年6月第1版
印　　次 2022年6月第1次印刷
定　　价 32.00元
http://www.hrbeupress.com
E-mail:heupress@hrbeu.edu.cn

前　言

垂直起降(vertical take-off and landing,VTOL)飞行器同时具有固定翼战斗机和直升机的独特优势,具有重要的军事战略意义和民用价值,自问世以来就受到世界各航空大国的高度关注,一直是航空航天领域的研究热点。控制技术作为垂直起降飞行器的核心技术,也是保证安全飞行和完成飞行任务的关键。然而,机体的复杂布局和复杂多变的飞行环境使得 VTOL 飞行器表现出非线性、强耦合、非最小相位等特性,给系统控制技术研究带来了极大的挑战。因此,本书以 VTOL 飞行器跟踪控制问题为研究课题展开了深入研究,主要工作如下:

首先,针对 VTOL 飞行器系统输入存在不确定性干扰时的轨迹跟踪问题,提出了将自适应浸入与不变(adaptive control via system immersion and manifold invariance,简称自适应 I&I 控制)和滑模变结构控制方法相结合的控制策略。为了克服干扰对系统的不良影响,这种控制策略采用自适应 I&I 干扰估计律对干扰进行实时估计,并且在控制器中进行补偿,增强了系统的稳定性和跟踪控制精度;通过设计干扰补偿函数,确保干扰误差估计系统指数收敛;基于自适应 I&I 干扰估计律和滑模控制方法,设计了鲁棒跟踪控制器;利用 Lyapunov 稳定性理论,给出了闭环系统的稳定性证明。仿真结果表明,在输入受扰的情况下,所设计的控制器能够保证系统输出快速、稳定地跟踪给定参考轨迹。

其次,对于输入受到干扰的 VTOL 飞行器系统轨迹跟踪控制中的干扰抑制问题,提出了将非线性干扰观测器、最优控制和滑模变结构控制方法相结合的控制策略。该策略设计了非线性干扰观测器,实现了对系统输入干扰的实时准确估计;通过设计观测器增益函数,保证了观测误差系统指数收敛;基于非线性干扰观测器,设计了鲁棒跟踪控制器,增强了系统的稳定性,实现了对给定期望轨迹的有效跟踪;利用 Lyapunov 稳定性理论给出了所提出的控制方案的稳定性证明。仿真结果验证了所提出的控制方案具有良好的轨迹跟踪性能和干扰抑制能力。

再次,针对 VTOL 飞行器的定点降落问题,提出了基于图像的视觉伺服控制方法。该方法采用双目视觉模型,将基于图像的控制方法引入 VTOL 飞行器控制器设计，该模型无须获取未知特征点的深度信息，模型维度低，易于计算；利用机载摄像头获取图像信息，结合反步法设计了视觉伺服控制器，基于图像信息引导 VTOL 飞行器定点降落在期望位置，由于所采用的双目视觉模型中不包含深度信息，从而避免了未知点深度信息的测量或估计，改善了系统的控制精度；利用 Lyapunov 稳定性理论证明了在所提出的控制器作用下，VTOL 飞行器闭环系统渐近稳定，图像误差渐近收敛为零，实现了基于图像的视觉伺服控制。

最后，针对 VTOL 飞行器系统部分状态难以实时、准确测量的问题，提出了基于有限时间观测器技术的输出反馈控制方案。该方案设计了有限时间输出反馈观测器，对难以实时、准确测量的状态进行在线估计，以重构全状态反馈控制系统；基于所设计的有限时间观测器，将状态观测值引入所设计的控制器中进行补偿；基于有限时间控制方法设计了输出反馈控制律，完成了系统的无速度传感器控制，改善了系统的响应速度和可靠性。输出反馈系统稳定性分析和仿真结果验证了该方案的有效性和合理性。

综上所述，本书针对 VTOL 飞行器跟踪控制问题，进行了深入研究，为控制系统设计的关键技术突破进行了积极的理论探索。

著　者

2022 年 1 月

目　　录

第1章　绪　　论

1.1　研究背景及意义

20世纪初,飞机的发明实现了人类的飞天梦想,因其具有速度快、航程远、居高临下等显著优势,被迅速应用到军事战争中。但是飞机起飞需要滑跑,这是一个不容忽视的弱点。一旦跑道被敌方破坏,飞机就无法实现滑跑升空,继而也就无法发挥它的强大作用。因此,如何使飞机摆脱跑道的限制,是当时亟须解决的一个难题,引起了各军事强国的强烈关注。

VTOL飞行器是一种无须滑跑就可以垂直起飞和垂直降落的飞机,具有空中悬停功能,结合了直升机和固定翼战斗机的各自优势[1-4]。VTOL飞行器不仅具有直升机的垂直起飞、垂直降落和空中悬停等特殊功能,相比于直升机,其在速度、航程和载荷等方面的表现更为出色,在军事战争中的优势显而易见。与传统战斗机相比,VTOL飞行器不受场地的限制,只需要一小块平地就可以起降。当飞机跑道被损毁时,VTOL飞行器可以垂直起飞进行战斗,摆脱了起飞空间和跑道的限制,在战争中的应用更为灵活,极大地提高了飞机的出勤率和战斗力[5-6];并且在实战中可以分散隐蔽,不易被敌方发现,大大地提高了存活率。因此,VTOL飞行器成为未来飞行器发展方向之一[7]。

随着国防技术的不断进步,VTOL飞行器逐渐在航空母舰中发挥着越来越重要的作用,它的出现使舰载机摆脱了对航母弹射器和拦阻索等装置的束缚,降低了航母的设计复杂度,节约了大量的建造成本,在海上作战中发挥着巨大作用。由于VTOL飞行器所需的甲板面积较小,因此提高了航母搭载的飞机数量。另外,与垂直起飞相比,VTOL飞行器在跃升甲板上起飞的耗油量更小,增加了航行距离,提高了载荷能力。总的来说,VTOL飞行器不受起降场地的约束、战斗力强,可以执行多种作战任务,成为航母舰载机的理想选择[8-9]。而且,两栖攻击舰和轻型航母的出现更加凸显了VTOL飞行器的优势,使其更具战斗力和生命力[10]。

VTOL 飞行器由于具有常规飞机不可比拟的诸多优势，在军事领域具有极其重要的应用价值，半个多世纪以来，各军事大国一直致力于垂直起降技术的研究[11-12]。历经几十年的艰难发展过程，迄今为止，世界上具有代表性的 VTOL 飞行器有三种：英国“鹞”式战斗机（图 1-1）、苏联雅克-141 战斗机（图 1-2）和美国 F-35B 联合攻击战斗机（图 1-3），其中 F-35B 联合攻击战斗机为最先进的 VTOL 飞行器[13]。

图 1-1 “鹞”式战斗机

图 1-2 雅克-141 战斗机

图 1-3 F-35B 联合攻击战斗机

我国在这一领域的研究起步较晚，目前尚未开展大规模、系统化的研究，在国外军事发达国家垂直起降技术迅速崛起和国内航母技术日益成熟的大背景下，我国开展对 VTOL 飞行器的相关研究是大势所趋、刻不容缓的，因此，目前开展 VTOL 飞行器控制技术的相关研究具有重要的理论意义和工程参考价值。

除了在军事领域具有无可替代的价值，从民用角度看，VTOL 飞行器在复杂地形环境下执行任务，例如在地震救灾、边远地区急救、缓解地面交通等方面，也有广阔的应用空间[14-17]。随着世界各国先进航空科学技术的发展，垂直起降技术的应用必将迎来一个光明的未来。

由于应用领域的不断扩大，VTOL 飞行器的控制问题研究已经成为控制领域备受关注的一个研究课题[18-20]。VTOL 飞行器本身是一种欠驱动和非最小相位的高度非线性系统[21-24]，其飞行环境复杂，动力学模型参数具有不确定性，使得飞行器系统容易不稳定。此外，飞行过程中发动机推力矢量和姿态运动具有高度耦合特性，这些都会使 VTOL 飞行器在飞行过程中存在严重不稳定因素。VTOL 飞行器动力学模型是非线性、强耦合和不确定的欠驱动动力学系统[25-27]，再加上飞行中会遭遇侧风等不确定未知干扰，上述因素将严重影响飞行器系统的稳定性并威胁飞行安全，因此，VTOL 飞行器的控制系统设计极其困难。

综上所述，VTOL 飞行器控制理论方面课题研究十分必要且极具挑战性。本书围绕 VTOL 飞行器跟踪控制方法展开研究，这是一项极具科研价值、军事战略意义和广阔应用空间的研究课题。

1.2 垂直起降技术研究概述

1.2.1 国外垂直起降技术研究现状

20 世纪 40 年代，由于被 VTOL 战斗机的优异性能所吸引，美国、英国、德国和苏联等军事大国开始研制 VTOL 战斗机。美国空军以竞标形式启动了“垂直起降转换式飞行器”计划，原麦道公司、贝尔公司和西科斯基公司各自研制了原型机参与飞行评估，其工作取得了初步成果。随后的几十年，国外相关研究人员积极投入 VTOL 飞行器的研制工作中，先后研制了数十种 VTOL 飞行器，但大多以失败告终。到 20 世纪 80 年代，最终研制成功并投入部队装备的 VTOL 战斗机有英国“鹞”式战斗机，苏联雅克－141 战斗机和美国 F－35B 联合攻击战斗机。

英国的“鹞”式战斗机是世界上第一种实用型 VTOL 战斗机，也是目前型号最多、使用最广的 VTOL 战斗机。1957 年，英国霍克公司（后并入英国航宇公司）成功研制出“鹞”式战斗机的原型机 P. 1127。1960 年，第一架 P. 1127 原型机首次公开展出，引起了美国、英国等北大西洋公约组织（简称北约）国家的关注。1965 年，世界各国订购 P. 1127 原型机共计 60 架，美、英、德三国达成共同开发这种型号飞机的合作协议。为此，三国订购 9 架 P. 1127 原型机作为试验机，它们在英国皇家空军中被命名为“茶隼”F. G. A1。1966 年，6 架“茶隼”F. G. A1 被运往美国，在那里它们被重新命名为 XV－6A，进行了包括舰载机在内的国家级试验。随后，霍克公司重新设计了 P.1127，相继开发出“鹞”式 GR MK.1/A 型和 GR MK.3 型战斗机。1969 年，“鹞”式战斗机正式加入英国皇家空军开始服役。1970 年，GR MK.3 美国版经过部分改进后，被编号为 AV－8A 并在美国试飞成功。1971 年，美国海军陆战队组建了第一只 AV－8A 飞行中队，AV－8A 首次装备于军队中。在随后的 10 年中，英国航宇公司和美国麦道公司合作相继研制出更高级的“鹞－Ⅱ”战斗机 AV－8B 和 AV－8C。“鹞－Ⅱ”战斗机受到各国军队的欢迎，并被大批量生产，在马尔维纳斯群岛战争、伊拉克战争中发挥了无可替代的作用。

苏联于 20 世纪 50 年代开始研究垂直起降技术，但进展非常缓慢。直到 1967 年，雅克福列夫研制出雅克－36 战斗机。1970 年，雅克－36 机型成为舰载机首选。之后雅克福列夫改良雅克－36 机型为雅克－36M。1975 年，雅克－36M 着舰试验成功，随后装备于苏联海军，并被更名为雅克－38。雅克－38 机型的性能特点虽与英国“鹞”式战斗机不同，但两者技术水平大致相当。为了超越西方国家，苏联于 1974 年开始研发其后续机型雅克－141。1989 年，雅克－141 的原型机试飞，首次突破声速[28]，速度达到 1 400 km/h，成为世界上第一种超声速 VTOL 战斗机。1991 年，雅克－141 创造了国际航空联盟 H 级 VTOL 飞机的 12 项纪录。雅克－141 的研制是成功的，但是不久后苏联解体，雅克－141 因没有资金支持而被迫下马，而雅克－38 早已退役，这致使俄罗斯目前没有 VTOL 战斗机。

作为目前掌握最先进垂直起降技术的国家，美国对 VTOL 飞行器的研究始于 1947 年，应美国海军的要求，美国国防部决定利用第二次世界大战（简称二战）后缴获的德国技术资料研制 VTOL 战斗机[29]。1954 年，康维尔公司研制的尾座式 VTOL 飞机 XFY－1 实现首飞，但最终因技术不成熟而放弃，随后贝尔公司在 1955 年开始试飞 XV－3 和 X－14 飞机，这些 VTOL 试验机都因技术不成熟没能发展下去。在美国国内研制频繁失败的背景下，英国的“鹞”式战斗机让美国海军看到了曙光，他们对“鹞”式战斗机高度关注，订购了 102 架“鹞”式战斗机，命名为 AV－8A。在随后的 10 年中，美国海军陆战队在 AV－8A 的基础上，成功研制出更高级的“鹞”式战斗机 AV－8B 和 AV－8C。20 世纪 80 年代末，美国提出“先进短距起飞/垂直降落飞机”（advance short take-off and vertical landing，ASTOVL）计划，该计划在 90 年代初发展为“联合攻击战斗机”（joint strike fighter，JSF）计划，在多个参与竞选方案中，美国洛克希德·马丁公司的 X－35B 战斗机因技术成熟、通用性程度高脱颖而出，得到了进一步发展，最终成为著名的 F－35B 联合攻击战斗机。F－35B 联合攻击战斗机属于第五代战斗机[30]，除了具有垂直起降功能外，还具有突出的隐身能力和机动能力，可实现超音速巡航，是目前世界上最先进的 VTOL 战斗机。2012 年，F－35B 联合攻击战斗机已具备作战能力，首次交付美国海军陆战队开始服役。2015 年 7 月初，F－35B 联合攻击战斗机成为美国及其盟友的主力战斗机。目前，美国是垂直起降技术的世界领跑者。

德国垂直起降技术的研究始于二战时期，由于德军的大部分机场遭到盟军的大规模轰炸，而当时的飞机起降必须依赖跑道，若没有跑道，飞机就无法升空而变成一堆废铁。因此，德军亟须一种不依赖跑道的 VTOL 战斗机[31]。二战后期，为了解决这个实际难题，德国巴赫姆公司和福克－沃尔夫公司率先开始研制 VTOL 飞行器，希望可以在西欧森林和被破坏的残存机场跑道中实现垂直起飞和降落，提高战斗机的战斗灵活性。他们研制出的 Ba349 火箭动力截击机是世界上第一架 VTOL 飞机，它通过火箭助推实现垂直升空，飞行员借助降落伞实现降落，飞机升空后自然坠毁。这种垂直起降方式非常浪费资源。随着二战形势急转直下，盟军在军事力量上占有极大优势，没等 VTOL 飞机研制成功，德军便在盟军的东西夹击下战败。而德军的这些资料和飞机样本，自然落到了美、苏等国手里。"冷战"时期，联邦德国为抵御苏联强大的火力攻击，启动了 S/VTOL 战斗机的研究项目，EWR 公司打造的 VJ－101 最终获选。VJ－101 型飞机于 1963 年完成第一次自由悬停飞行，它的发动机系统由升力发动机和巡航发动机构成，后来经过一系列改进，该机的最大飞行速度达到 2Ma（马赫，又叫马赫数，为速度与音速的比值）。但是，面临着紧迫的战争局势，包括垂直起降对飞机性能的影响，以及苏联战机性能的不断提高，北约空军调整了作战计划，将性能更高的战斗机作为战场主力军。随着战略思想的改变及作战方式的变革，VJ－101 型飞机不再适合战争的需要，因此被淘汰。

法国 S/VTOL 战斗机的研究工作始于 20 世纪 60 年代初期。1963 年，法国达索公司首次在"幻影"ⅢV 飞机上加入 8 台升力发动机和巡航发动机等动力装置。虽然这项创新技术引入了升力发动机的概念，使飞机的最大飞行速度达到了 2.04Ma，但是同时也带来了很多不利的影响，例如升力发动机数量过多、寿命较短以及复杂的操纵问题，这些负面因素导致"幻影" ⅢV 的研制以失败告终[32]。

1.2.2 国内垂直起降技术研究现状

与国外先进的垂直起降技术相比，国内垂直起降技术研究起步较晚，发展相对落后，尚处于跟踪分析阶段。"十五"期间，我国提出了转换式高速直升机

RD15 方案,实现了国内对垂直/短距起降技术研究零的突破,取得了初步研究成果,具有开创性意义。2015 年 3 月 20 日,中航工业成都发动机(集团)有限公司与中航空天发动机研究院有限公司就短距起飞/垂直降落飞机推进系统项目(简称短垂项目)合作举行了签约仪式。短垂项目的研究目的在于提高海陆两栖作战能力,该项目填补了我国 VTOL 飞行器的研究空白。

最近,国内无人机技术研究掀起一股热潮并取得了很大进展,无人机的垂直起降技术研究也成为主要研究课题。

近年来,南京航空航天大学、西北工业大学等高校和科研机构也陆续展开了对 VTOL 飞行器相关技术的研究并取得了初步进展。与国外相比,我国的垂直起降技术起步晚、发展缓慢,研究水平还有很大差距。在垂直起降技术快速发展的国际大背景下,我国应该加快研究步伐,加大基础性研究投入,做好相关技术储备,为追赶国际先进垂直起降技术奠定基础。

综上所述,VTOL 飞行器以其重要的军事、民用意义和广阔的应用前景得到了各军事大国的青睐,垂直起降技术已经成为衡量各国军事实力的一项重要指标。然而,我国的垂直起降技术起步晚、发展缓慢,对 VTOL 飞行器的科学研究亟须投入大量人力、物力和财力。因此,本书围绕 VTOL 飞行器垂直起降模式下的跟踪控制问题开展研究,既顺应国际形势,又满足国防实际需求,其发展前景广阔,科研价值和理论意义巨大。

1.3 现代非线性控制方法在飞行器控制中的应用现状

在现代控制理论的研究中,非线性控制问题是一个十分重要的组成部分。严格地说,所有的实际系统都是非线性系统,线性系统只是忽略了某些次要的非线性部分后所获得的近似模型。对于一些线性程度比较高的实际系统,在控制精度允许的情况下,是可以将实际系统建模为线性系统并采用线性控制方法进行控制的。但是,对于一些非线性程度比较高的系统,如机器人系统、气动系统、VTOL 飞行器系统等,用传统的线性系统的建模和控制方法会导致系统本身的控制精度低甚至不稳定。因此,对于这一类系统,研究非线性控制方法是十分必要的。近几十年来,基于科技发展对高效控制方法的需要,学者们提出了一系列各具特色的非线性控制方法,常见的有反馈线性化、Backstepping、滑模控制、鲁棒自适应控制等[33]。下面对几种主要非线性控制方法进行概略的介绍。

1.3.1 反馈线性化控制

反馈线性化(feedback linearization,FBL)控制方法的基本思想是通过代数变换将一个非线性系统转化为线性系统[34],然后利用常用的线性系统的控制方法对目标非线性系统进行控制。这种方法的优点在于简单易行,可以将复杂的非线性系统控制问题转化为简单、成熟的线性系统控制问题,因此,FBL控制方法已经广泛应用于许多实际系统中[35]。动态逆(dynamic inversion,DI)控制方法是一种比较典型的FBL控制方法。DI控制方法的设计方式比较灵活,可以用于控制各种类型的飞行器,并且能够满足飞行器一些非常规的控制要求。因此,DI控制方法被应用于解决各类飞行器控制问题[36]。文献[37]通过将模型参考自适应控制方法与DI控制方法相结合,研究了存在未知非线性扰动和模型参数不确定的飞行器系统的鲁棒跟踪控制问题。文献[38]将DI控制方法应用于非最小相位高超声速飞行器的控制问题中。文献[39]通过将H_∞控制与DI控制方法相结合,研究了存在传感器误差和扰动的飞行器系统的着陆控制问题。

但是,DI控制方法本身也具有局限性,由于通过DI控制方法进行非线性系统线性化是建立在非线性系统模型本身精确的基础上,因此DI控制方法缺乏鲁棒性,不适用于一些建模不精确的系统。

1.3.2 Backstepping 控制

在控制理论中,Backstepping控制是Petar V Kokotovic等人在1990年左右发展起来的用于一类特殊非线性动力系统镇定控制的技术。它是将Lyapunov函数的选取与控制器设计相结合的一种回归设计方法[40]。Backstepping控制的基本思想是将高维非线性系统分解为多层低维子系统,并且所有子系统的维数和不超过系统的维数,然后对每一层子系统单独设计Lyapunov函数,再从第一层子系统开始,对每层子系统设计虚拟控制器并选取合适的Lyapunov函数,一直反推到最后一层子系统,从而得出系统真正的控制律和Lyapunov函数[41]。

Backstepping控制方法在处理非线性控制问题时具有独特的优势,主要表现在:设计过程规范化,尤其在设计高阶非线性系统控制器的过程中,能够大大简化Lyapunov函数的选择;在设计过程中,不需要满足系统中增长性的约束条件[42];对于系统中不确定性的非线性部分也能加以克服。在设计过程中,通过选取虚拟控制器来保证每个子系统性能达到期望的目标,进一步达到整体系统性能的要求[43]。

但是,Backstepping 控制方法也存在一定的问题。首先,这种方法要求控制对象的状态满足全部可测的条件[44],如果控制对象的状态不全部可测,就需要通过状态观测器对不可测状态进行间接获取。其次,该方法是一种静态补偿方法,如果想实现对系统的控制,前面的子系统就需要利用后面子系统的状态,所以系统需要满足严格反馈的形式,这一问题使 Backstepping 控制方法的使用范围大大缩小。最后,Backstepping 控制方法存在“维数爆炸”现象。为了解决这些问题,相关学者提出了一些解决方法。例如,文献[45]将 Backstepping 控制方法与自适应神经网络方法相结合,用于不确定多输入多输出非线性系统的控制器设计中。文献[46]将 Backstepping 控制方法与自适应模糊控制方法相结合,对一类不确定非线性系统的鲁棒控制问题进行了研究,但是该方法中需要对虚拟控制求取高阶导数,必须证明设计控制器的有界性,一般只能假设导数有界,而无法直接证明。对于多维高阶的非线性系统,求导的运算量呈指数递增。为解决这两个问题,文献[47]提出了动态面 Backstepping 控制方法。这种方法是在每一层虚拟控制器的设计过程中,使用一阶低通滤波器的输出替换上一层虚拟控制量,从而避免了控制器中虚拟控制量的高次导数,但是明显降低了控制精度。

目前,Backstepping 控制方法已经被大量应用于各类实际系统的控制中。例如,文献[48]将 Backstepping 控制方法应用于机床主轴控制的问题中;文献[49]研究了基于滑模和 Backstepping 控制方法解决车辆制动力矩和侧滑速率的控制问题;文献[50]将 Backstepping 控制方法与神经网络自适应控制方法相结合,进行了水下航行器自由俯仰角的控制;文献[51]将 Backstepping 控制方法与神经网络方法相结合,对非线性自适应飞行器的控制器进行设计;文献[52]将 Backstepping 控制方法与饱和函数法相结合,设计出一种 VTOL 飞行器控制方案,能够实现飞行器镇定和轨迹跟踪控制;对于飞机的纵向运动控制问题,文献[53]将 Backstepping 自适应 PID 控制用于控制器设计;文献[54]使用动态面 Backstepping 控制方法对 VTOL 飞行器的镇定控制问题进行了研究;文献[55]考虑 VTOL 飞行器的强耦合特性,采用 Backstepping 控制方法实现了 VTOL 飞行器的轨迹跟踪控制。

1.3.3 滑模控制

1976 年,Itikis[56] 提出了滑模控制(sliding mode control,SMC)的概念,而后逐渐形成了系统的滑模控制理论。在非线性控制理论中,滑模控制是一种常用的非线性控制方法,它通过不连续控制信号来改变非线性系统控制过程的轨迹,最终使系统的状态按某一个期望的规则沿着某一滑模面进行运动。滑模控制的控制规律是时间的非连续函数,它的状态不断地按照一定的设计规律从一个状态空间切换到另一个状态空间,或者说,从一个连续结构变换到另一个连续结构。因此,滑模控制是一种变结构控制方法。设计多个控制结构,使它们的轨迹总是朝着设计的滑模面进行变换移动。滑动模态可以预先进行设计且与对象参数及扰动无关,这使得滑模控制具有对外部扰动和不确定建模不敏感、鲁棒性强、响应速度快、物理实现简单等优点[57]。

正是诸多优点,吸引了各国学者对滑模控制进行了深入研究,滑模控制成为一种实用的非线性控制方法,并在飞行器控制系统的设计中得到了大量应用。例如,文献[58]将滑模控制方法用于解决飞行器的轨迹导航问题。文献[59]研究了柔性气动高超声速飞行器的连续高阶滑模控制器的设计问题,所设计的控制器具有很强的鲁棒性,能够在系统存在干扰和参数不确定的情况下实现速度和高度的跟踪控制。文献[60]采用滑模控制方法解决了 VTOL 飞行器的轨迹跟踪控制问题。文献[61]针对 VTOL 飞行器速度无法测量的问题,将滑模控制方法与非线性速度观测器技术相结合,提出了 VTOL 飞行器输出反馈滑模控制方案,该方案实现了飞行器系统对给定轨迹跟踪控制。文献[62]提出了一种基于滑模控制和饱和函数法的 VTOL 飞行器的有限时间控制器设计方法,能够实现 VTOL 飞行器的有限时间控制。

但是,滑模控制方法也有一定的缺陷,因为该方法是一种特殊的切换控制方法,在切换过程发生时可能会产生抖振,所以抖振问题可能会导致控制器的不连续,从而影响滑模控制的性能。为了解决这一问题,相关学者先后提出了多种改进方法,以减少抖振的影响,如高阶滑模控制[59]、终端滑模控制[63]和辅助滑模控制[64]等方法。以上方法虽然一定程度上降低了系统的抖振,但是无法完全消除抖振。

1.3.4 鲁棒自适应控制

鲁棒自适应控制是一种将鲁棒控制方法与自适应控制方法相结合提出的控制方法。鲁棒自适应控制结合了鲁棒控制和自适应控制的优点,是一种比较先进的控制方法。

鲁棒控制最早出现于 20 世纪 50 年代,自问世以来,被广泛应用于解决各种实际系统的控制问题[65]。对于一个实际的系统,外界环境的复杂性会使系统在运行过程中经常受到各种外部扰动的影响。另外,由于受经济和技术等限制,人们无法对系统进行精确的数学建模,因此系统在运行过程中容易受外界扰动和建模参数不准确、不确定等问题的影响。对于这些控制问题，就需要考虑系统控制器设计的鲁棒性。鲁棒性是指在系统存在模型不确定和外部扰动等影响时，所设计的控制器仍然能保持闭环系统稳定的特性。而在设计控制器的过程中考虑系统的鲁棒性，从而设计出鲁棒性强的控制器，即为鲁棒控制的目的。常用的鲁棒控制方法包括区间控制、H_∞ 控制和奇异值控制[66]。鲁棒控制由于具有高可靠性，故可以在一定程度上抵抗系统外部的扰动和建模不确定性给系统稳定性带来的影响。因此，鲁棒控制广泛应用于解决各种飞行器系统的控制问题[64-66]。但是，鲁棒控制由于存在一些缺陷，并不是最优控制。大多数情况下，鲁棒控制器在设计过程中都是根据外界的干扰和不确定性对系统所造成影响的上界来对控制器进行设计的，因此鲁棒控制方法在保持鲁棒性的同时也具有较大的保守性；并且鲁棒控制器多为静态控制器，无法根据系统的实际情况对控制器参数进行调节[67]。

相比于鲁棒控制方法，自适应控制方法比较灵活。它的主要思想是根据系统的信息，在系统存在不确定性和外部扰动的情况下，随着系统信息的变化在线估计和调整控制器的参数，保证系统的稳定性[65]。自适应方法对模型的依赖性较低，并且可以有效地对存在模型不确定性和外部扰动的系统进行控制。但是自适应控制需要对控制器或者系统的内部参数进行在线或实时估计。在系统的结构较为复杂或者系统受到强烈扰动的情况下，很难快速地计算出控制器或者估计出系统的内部参数，因此降低了自适应控制方法的控制效果[41]。

综合以上两种方法的优点，部分学者提出了一种称为鲁棒自适应控制的方法。鲁棒自适应控制方法设计的控制器要求既具有鲁棒性，又兼顾自适应控制方法对控制器参数进行动态调整的特点。这种方法所设计的控制器既拥有鲁棒控制器的鲁棒性，又通过自适应方法降低了控制器的保守性，因此鲁棒自适应控制方法被应用于飞行器系统的控制中。例如，文献[41]和文献[68]将鲁棒自适应控制方法引入近空间飞行器系统的控制系统设计中；文献[69]将鲁棒自适应控制方法用于解决存在外部扰动和多种故障的广义超高速飞行器的控制问题；文献[70]将鲁棒自适应控制方法应用于 VTOL 飞行器的悬停控制中，成功地克服了外部扰动对控制系统的影响。因此，鲁棒自适应控制方法在飞行器控制领域具有良好的发展前景。

1.4 主要研究内容

本书围绕 VTOL 飞行器的跟踪控制问题展开研究，针对 VTOL 飞行器系统的非线性、强耦合、非最小相位等特点，分别考虑输入无外界干扰和存在干扰情况下的跟踪控制问题、定点降落问题及部分状态无法测量问题，采用自适应控制、滑模控制、视觉伺服控制、有限时间控制等方法，同时结合非线性干扰观测器、浸入与不变等技术，设计了相应的控制策略，能够稳定地完成控制任务，并在 MATLAB 仿真平台上搭建了仿真系统，实现了数字仿真实验验证。本书主要内容安排如下。

第 1 章，绪论。本章全面阐述了本书主要研究内容的历史背景和现实意义，分析了国内外垂直起降技术的研究现状，进一步论述了现代非线性控制方法在飞行器控制中的应用现状，并指出了本书内容的设计思路及研究意义。

第 2 章，VTOL 飞行器的分类、喷气推力类推进系统及其动力学模型。本章详细阐述了 VTOL 飞行器的分类和典型 VTOL 飞行器的特点，同时介绍了 VTOL 飞行器推进系统的类型及特点，并且在此基础上，进一步推导了本书所采用的 VTOL 飞行器动力学模型，给出了模型建立的具体过程。

第 3 章，基于自适应浸入与不变的 VTOL 飞行器轨迹跟踪控制。本章对 VTOL 飞行器的动力学模型进行了推导，详细给出了建模过程，针对存在输入干扰的 VTOL 飞行器的输出跟踪控制问题，提出一种将自适应 I&I 与滑模变结构控制方法相结合的控制策略；为了克服输入干扰对系统的不利影响，采用自适应 I&I 干扰估计律对干扰进行实时估计，通过选取合适的干扰补偿函数，能够保证干扰误差估计系统指数收敛；基于自适应 I&I 干扰估计律和滑模控制方法，设计了鲁棒跟踪控制器；利用 Lyapunov 稳定性理论证明了闭环系统的稳定性。

第 4 章，基于非线性干扰观测器的 VTOL 飞行器轨迹跟踪控制。本章针对存在输入干扰的 VTOL 飞行器的输出跟踪控制问题，提出了一种将非线性干扰观测器、最优控制和滑模变结构控制方法相结合的控制策略；为了便于控制器设计，应用坐标变换和输入变换将原系统解耦成一个最小相位误差子系统和一个非最小相位子系统；为了克服输入干扰对系统的不利影响，设计了非线性干扰观测器对干扰进行在线估计，通过选择合适的观测器增益函数，保证观测误差系统指数收敛；基于非线性干扰观测器，设计了鲁棒跟踪控制器；利用

Lyapunov 稳定性理论证明了所提控制方案的稳定性。

第 5 章，基于分层滑模控制的 VTOL 飞行器轨迹跟踪控制。本章针对 VTOL 飞行器的输出跟踪问题，提出了一种分层滑模控制方案，能够实现飞行器在输入耦合情况下的轨迹跟踪：采用分层滑模方法设计了控制器，该控制器对参数摄动及外界干扰等不确定性具有鲁棒性；利用 Lyapunov 理论和 Barbalat 引理详细证明了各个滑模面的渐近稳定性和误差系统的全局渐近稳定性。给出的仿真结果验证了控制策略的有效性和鲁棒性。

第 6 章，VTOL 飞行器视觉伺服定点控制。本章针对 VTOL 飞行器的定点降落控制问题，提出了一种基于图像的视觉伺服控制方法：将基于图像的视觉伺服控制方法引入 VTOL 飞行器系统；利用机载摄像头获取图像信息，基于反步法设计了视觉伺服控制器，引导 VTOL 飞行器定点降落在期望位置；由于所采用的双目视觉模型中不包含深度信息，从而避免了未知点深度信息的测量或估计；利用 Lyapunov 理论证明了在所提出控制器作用下 VTOL 飞行器闭环系统渐近稳定，图像误差最终收敛为零，实现了基于图像的视觉伺服控制。

第 7 章，VTOL 飞行器有限时间控制。针对 VTOL 飞行器系统部分状态难以实时、准确测量的问题，提出了基于有限时间观测器技术的输出反馈控制方案：首先，采用系统分解方法将 VTOL 飞行器系统解耦成两个子系统，对于解耦后系统，采用有限时间控制方法设计了有限时间状态反馈控制律，使得闭环系统在有限时间内快速收敛；其次，采用有限时间技术设计了有限时间观测器，对难以实时、准确测量的状态进行在线估计，在此基础上结合有限时间控制技术，设计了有限时间输出反馈控制律，实现了有限时间输出反馈控制。给出的仿真结果表明，所提出的控制器具有良好的跟踪性能，能够保证系统快速、准确地跟踪给定参考轨迹。

第2章　VTOL飞行器的分类、喷气推力类推进系统及其动力学模型的建立

2.1　VTOL飞行器的分类

VTOL飞行器因对地点的要求较低而得到了广泛的关注和应用,在军事上主要应用在战斗机、海军舰载机等方面;从民用角度看,VTOL飞行器在复杂、危险环境下(如地震救灾、边远地区急救等)具有很大的应用空间[15]。VTOL飞行器的类型主要有旋翼类VTOL飞行器、喷气式发动机推力转向VTOL飞行器、倾转旋翼动力VTOL飞行器、螺旋桨动力尾座式VTOL飞行器及涵道风扇动力VTOL飞行器。下面分别对以上几种类型VTOL飞行器进行详细介绍。

2.1.1　旋翼类VTOL飞行器

直升机是最典型的旋翼动力飞机,而旋转机翼最大的特征是其由一副可以高速旋转的旋翼和锁定作为固定翼的主机翼组成。而主机翼的驱动方式既可以是传统的轴带动,也可以是喷气驱动。Herrick等人在1937年提出了转换式飞机的概念,此概念中最早应用了在飞行过程中可启动和停止的旋翼。此旋翼没有任何控制,只作为飞机在出现动力故障后的安全装置,但此转换飞机的概念却是旋转机翼的最早雏形。

在新型旋翼类VTOL飞行器出现之前,有很多成功的例子都采用尖部喷气的方式驱动旋转机翼,如XH－17、XV－1和McDonnell－Douglas Corporation公司制造的三叶热喷直升机XV－9A等。尽管动力传输的效率较低,但可省去沉重的动力传输装置和反扭矩装置,还可以使飞机的维护性更好。

20世纪五六十年代,美国提出了很多新型的旋翼类VTOL飞行器的方案。休斯敦公司提出的新型飞机方案是飞机外形由一个大的三角形中心体和三片短粗的刚性桨叶组成。美国国家航空航天局(NASA)提出的M－85由一个圆形的中心体和两个矩形片组成。这两种方案中旋翼的停止和再启动方式类似,

在飞机垂直起降阶段,旋翼在高速旋转时为机体提供升力,桨尖的喷口喷出发动机的喷流为高速旋转的旋翼提供驱动力。当飞行速度达到 100 kn 左右时,旋翼转速下降;当飞行速度达到 180 kn 左右时,旋翼提供的驱动力满足飞机飞行所需的升力,旋翼慢慢停止转动并锁定为掠式固定翼,此时旋翼可以完全卸载。

20 世纪 70 年代,Boeing Vertol、Sikorsky 和 Lockheed 在不同的阶段参与 X 翼飞机计划的方案设计。X 翼飞机典型特征是拥有一个四片刚性桨叶的旋翼用传统的轴来带动,在飞行过程中应用了环量控制技术改变其升力。90 年代,MoDus 公司提出了基于盘翼设计思想的 VTOL 飞行器。它的关键技术是利用一对尺寸很大且相互反转的盘翼来消除直升机飞行时的反扭矩作业。波音公司已制造出两架 X－50A“蜻蜓”飞行器的技术验证机,用以验证和评估出现的“鸭”式旋转机翼飞机(canard rotary wing,CRW)的概念。X－50A 由机身、鸭翼、尾翼、涡轮风扇发动机及其燃油系统、飞行控制系统和通过桨毂连接在机体上的旋翼组成。

美国辛辛那提大学提出了变形模态 VTOL 无人机概念。变形飞机设计采用成熟的系统和技术为飞机提供多模态飞行性能和直升机的功能,其模型如图 2－1 所示。

图 2－1　变形模态 VTOL 飞行器模型

Modus 飞机通过利用现有的旁路风扇发动机技术来提供更有效的升力,从而大大提高了垂直升力。Modus 飞机垂直提升部分在转子轮毂/机翼周边使用了短而硬的跨音速转子风扇叶片(喷气发动机刀口旁通风扇叶片)。初步分析结果表明,与传统钝边转子相比,驱动转子所需的转矩减小了 55%,具备了功率小、航程长、成本低、悬停能力强、操作难度低等优势。为了提升飞行速度,在飞机平飞后叶片将收在盘式翼面中。

但是,无论复合式直升机发展得如何完善,旋翼的旋转都必定会导致气流不对称,若要彻底解决直升机的高速问题,最终还是需要将其变为固定翼的模式,即从直升机模式完全转为固定翼飞机模式。

2.1.2　喷气式发动机推力转向 VTOL 飞行器

喷气式发动机推力转向 VTOL 飞行器的底部安装有喷气发动机,在它产生的推力作用下,实现垂直起降飞行模式。

英国“鹞”式战斗机是世界上第一种实用型垂直/短距起降飞行器,英国研究机构通过加入导航装置、更换发动机等方式对其进行了很多细节上的改进,使此种战斗机在空中悬停等方面的优越性在现代空中作战中不断凸显。美国在英国“鹞”式战斗机的基础上通过寻找新的动力引擎以适应短距起飞/垂直降落的技术要求,先后研制出 AV－8A 和 AV－8B VTOL 攻击机,这两种 VTOL 飞行器在垂直起飞时增大升力,增强了战斗机空中作战的能力。

苏联的雅克战斗机是二战期间最轻的轻型战斗机,也是喷气发动机推力转向 VTOL 飞机的代表,它根据飞机的空气动力学理论实现垂直起降功能,通过减小发动机的结构质量与推力的比率,达到提高发动机功率的目的;同时,通过降低飞机在飞行过程中所受到的环境阻力,提高飞机的空气动力性能。通过这两方面的改进,飞机的飞行速度有了很大提升。到二战末期,飞机的飞行速度提高了近 20 倍,为现代垂直起降技术提供了很好的技术研究参考。

德国在 1956 年推出了如图 2－2 所示的单座上单翼六引擎的 VTOL 飞机——VJ－101C 型超声速垂直起降验证机,意在改善起降过程中跑道长而脆弱的问题。VJ－101C 分别在翼尖和机身上装有 6 台发动机,翼尖发动机在起飞时工作,主要通过向下喷气实现垂直升降,而后关闭转为全机身发动机维持正常飞行。经过近 10 年的发展,在 1965 年,VJ－101C 型超声速垂直起降验证机实现了由悬停向水平飞行的转换,并且尝试实现了短跑起降。

20 世纪 70 年代,美国研制了一种利用喷气发动机作为动力的实验型超音速 XFV－12VTOL 飞机,其机型如图 2－3 所示。该飞机在研发初期具有独特的设计理念,希望通过在鸭翼和机翼上安装喷气装置,利用气体流动为飞机提供升力,从而具备高速、短距垂直起降的能力。但在后续的一系列测试中,该飞机各项性能指标均未达到令人满意的效果,最终因为动力不足、成本飙升、折流效率低等不得不废弃项目计划。虽然 XFV－12VTOL 飞机的研发没有善始善终,但是这种独特的设计思想为后续喷气式发动机 VTOL 飞行器的成功研制提供了很多思考空间。图 2－4 所示的法国尾座式实验飞机 C.450 垂直起降机是来自二战期间的德国方案,这种设计思想对后来的其他飞机研制影响深远。

图 2-2　德国 VJ-101C 型超声速垂直起降验证机

图 2-3　美国实验型超音速 XFV-12 VTOL 飞机

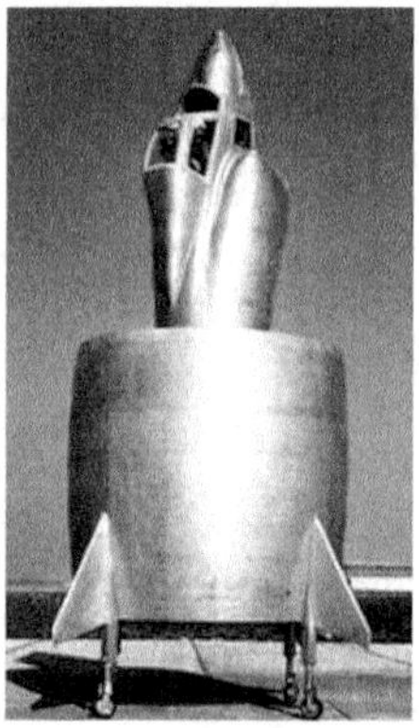

图 2-4　法国尾座式实验飞机 C.450 垂直起降机

目前,在垂直起降方面性能最好的是美国 F-35B 短距/垂直起降联合攻击机(图 2-5),其素有“未来空战主力杀手”的霸称。F-35B 从飞行速度、作战灵活性等方面都是以前 VTOL 飞行器所不能比拟的。该机从三个不同的途径为飞机提供动力。首先为了达到垂直起降的目的,在飞机的背部设有辅助进气口,通过专门的风扇提供向下的推力,同时可防止吸入发动机尾气,可以为飞机提供近 50% 的升力;另外发动机尾部和左右机翼也分别设有喷气口,可以为飞机提供剩余的 50% 升力。F-35B 的另一大闪光点是安装有智能型发动机,该发动机不仅可以为 F-35B 提供强大的升力,使其动力是“鹞”式战斗机的 1.9 倍,而且维护方便、省时。F-35B 的技术方案是多种高新技术的融合,是 VTOL 飞行器中组合性能的先进代表。

图 2 – 5 美国 F – 35B 短距/垂直起降联合攻击战斗机

2.1.3 倾转旋翼动力 VTOL 飞行器

旋翼类 VTOL 飞行器虽然可以有效地进行垂直起降操作，但是在水平巡航过程中具有速度低、航程短、安全性差等缺点。为了克服上述缺点，倾转旋翼动力 VTOL 飞行器的概念应运而生。它是在机翼的两端各安装一个可变向的旋翼推进装置，而且该装置可以绕着机翼上的旋翼轴进行旋转，同时可以固定任意需要的方向，进而产生向前或向上的推力，成为一种新型飞行器结构。当旋翼轴与地面垂直时，旋翼为飞机提供升力，使飞机可以进行垂直起降和悬停动作。当飞机完成起飞和悬停操作后，通过调整旋翼轴的姿态，旋翼可以为飞机提供水平推力，能够有效提高飞机的巡航速度。倾转旋翼飞机是一种具有固定翼飞机和直升机特点的新机型，该机型是直升机技术的突破和发展，许多国家开展了这一领域的研究。

美国是最早进行倾转旋翼动力 VTOL 飞行器研究的国家之一。20 世纪 40 年代，美国的贝尔公司就开始了对倾转旋翼技术的研究，经过多年的努力，先后进行了 XV – 3、XV – 15 等试验机的研究工作，积累了丰富的技术资料。20 世纪 80 年代，在 XV – 3、XV – 15 的基础上，美国的波音公司和贝尔公司一起研发出了图 2 – 6 所示的 V – 22“鱼鹰”战机，这也是迄今为止少有的成功机型之一。该飞机于 1989 年试飞成功，2006 年编入美军部队服役，也使美军重新审视两栖作战的定义。

除了 V – 22“鱼鹰”战机外，20 世纪 60 年代，美国还进行了 XC – 142A 验证机（图 2 – 7）的研究工作。在这种机型中，采用了旋转飞机整个机翼的方式来完成起降和水平巡航动作。借助机翼的良好外形，飞机能够进行出色的水平提升操作，但是由于机翼自身的质量及空气气流的影响，机翼的旋转需要较大的旋转力矩，这给设计增加了一定的难度。另外，在垂直起降的落地过程中，地表气流对飞机的稳定性也造成了不良影响。基于上述原因，XC – 142A 的研制工作很快就终结了。

图 2-6　美国 V-22“鱼鹰”战机

图 2-7　美国 XC-142A 验证机

最近,美国又提出了一种新的设计思路——在机翼和尾翼处各放置一个倾转旋翼,当飞机垂直起降时,飞机的三个旋翼轴与地面垂直为飞机提供升力;当飞机水平巡航时,机翼上的旋翼收起,尾翼的旋翼调整方向,为飞机提供水平动力。

德国在二战时期就提出了 VTOL 飞行器的设计理念,但由于战败以及受到国际公约的限制,其关于飞行器的研究工作被迫中止。20 世纪 60 年代,随着冷战的持续升温,美国解除了对德国的限制,德国又重启了飞行器的研究工作。这一时期,德国提出了通过在旋转机翼两侧安装发动机吊舱的方式来实现飞机的垂直起降。由于德国的旋转吊舱设计理念早于 V-22“鱼鹰”,因此这一设计被认为是 V-22 倾转旋翼的设计源头。

韩国也在研制 VTOL 飞行器,并于 2015 年 4 月推出了倾转旋翼无人机 TR-60 的样机。该机型采用类似美国“鱼鹰”的倾转旋翼技术,航时可达 6 h,时速可达 310 km,计划于 2024 年量产。

以色列在倾转旋翼飞行器的设计方面也毫不逊色,“黑豹”系列就是这种技术的典型代表,可以实现垂直起降和水平巡航的自由切换。

2.1.4　螺旋桨动力尾座式 VTOL 飞行器

螺旋桨(即倾转旋翼)动力的飞行器设计需配置有较大质量的倾转机构,在其 VTOL 飞行器中,有一种整体倾转的尾座式方案,如 NASA 提出的单座“座椅”电池动力垂直起降单人飞行器。此款飞行器前部有两个反向旋转的螺旋桨,四个尾翼可以折叠成一个起落架用于垂直着陆,但这种尾座式的单人飞行器需要飞行人员具有良好的心理素质。

20 世纪 50 年代,美国海军进行了螺旋桨动力 VTOL 战斗机的研制,如

XFY－1 VTOL 飞行器。此款飞行器采用两侧进气的启动布局，由涡轮螺旋桨推进，实现尾部坐地式的垂直起降，如图 2－8 所示。而 XFY－1 VTOL 飞行器起落架小轮没有刹车系统，这对飞机的安全性有很大的影响，且为了满足起飞重量要求，飞行员需要从两层楼高的地方进入机舱。由于存在多种无法解决的问题，该类飞机的研制最终终止。虽然螺旋桨动力的尾座式方案无法用于大型机，但是用于小型无人机上却得到了广泛的关注，这种飞行器由于质量小、尺寸小而被广泛地应用在一些特殊场合或狭小空间内，如图 2－9 所示。

图 2－8　美国 XFY－1 VTOL 飞行器

(a)飞行状态　　(b)地面停机状态

图 2－9　小型 VTOL 无人机

图 2－10 所示为英国倾转飞翼研究方案试验机。飞行试验表明，该飞机在空间受限的环境中能很好地从起飞悬停过渡到传统固定翼水平飞行模式，以及从传统固定翼水平飞行模式过渡到垂直着陆平台。这些飞行试验是在室内进行的，因此引入了与城市环境要素相当的关键空间限制，提出了悬停和水平飞行的固定翼飞机模型，并对控制系统和制导逻辑进行了描述。

图 2－10　英国倾转飞翼研究方案试验机

对于尾座式飞行器整体姿态转换的 VTOL 飞行器方案，主要应用对象还是无人机，对于有人飞机尤其是大质量的有人飞机而言，驾驶员和乘员面临 90°姿态的转换是难以接受的。总之，对于需要保证垂直起降能力，同时追求高平飞速度、高巡航效率的长航程飞机而言，发展倾转旋翼或螺旋桨的 VTOL 飞行器是必然的趋势。

无人机(unmanned aerial vehicle，UAV)目前被用于在不同的环境中执行各种各样的任务。在有限的环境中执行悬停和飞行(反之亦然)转换的能力使得固定翼无人机能够执行许多以前仅限于旋转翼无人机的任务。侦察、搜索、救援、监视以及其他任务场景都得益于拥有一个能够保持静止位置的传感单元。在开放的环境中，固定翼无人机将以闲逛的方式在空间站停留较长时间。然而，随着大多数城市环境对空间的限制，闲逛模式可能不可行。

使用固定翼无人机在封闭空间执行感官任务可以提供额外的作战优势。例如，固定翼无人机可以从一个位置快速冲向另一个位置，从而实现快速重新定位。此外，悬停的能力使垂直起飞和降落不需要跑道或大空间设施。这些综合因素使具有过渡能力的固定翼无人机成为空间约束占主导地位的任务的理想选择。

固定翼无人机过渡能力的实用性已得到众多研究团队的认可。第一次成功的手动控制转换是在 1954 年用 Convair XFY－1“Pogo”完成的。目前，有几个研究小组正致力于开发具有水平飞行和悬停两种配置飞行能力的飞行器。德雷克塞尔大学开发了一种定制设计的无线电控制(radio control，RC)飞机。该飞机在水平飞行操作中由人工控制，并在用户输入命令后转换为计算机控制的悬停配置。飞机使用商用内部测量装置进行机载处理和传感。在杨百翰大学(Brigham Young University，BYU)，一个轨道发生器被用来模拟商用 Convair XFY－1 RC 模型的动作，以研究自主悬停、飞行和过渡问题。

2.1.5 涵道风扇动力 VTOL 飞行器

涵道风扇动力 VTOL 飞行器的涵道风扇利用涵道前缘吸力的空气动力学原理,使得在相同的桨盘面积情况下,涵道风扇可以获取更大的升力。例如,XV-5B 飞机涵道风扇驱动方案的基本原理是,直接利用发动机的高压气流驱动风扇旋转,从而获得推力。基于无人机迅速发展的需要,以涵道风扇为动力的 VTOL 飞行器在近 10 年来受到广泛关注。在小型 VTOL 无人飞行器方面,人们探索了不同的总体布局方式,如三涵道布局、以色列飞碟式布局等,但上述飞行器的不足之处是,平飞速度难以达到较高的水平。

土耳其、美国、韩国等国分别对涵道风扇动力 VTOL 飞行器进行了研究。例如,将倾转旋翼改为倾转涵道风扇,还在机身后体增加了一个垂直的涵道风扇。这种设计的优点是飞机的重心变换范围更宽;缺点是设计较为单一,少量的机载系统都安放在涵道壁内部,涵道中导流叶片平衡了风扇的扭矩。图 2-11 所示为美国研制的"战斗猪"无人机,它利用涵道风扇为垂直升空提供动力。以涵道风扇为动力的方案也在大型飞机上进行了应用研究。例如,美国的 BellX-22A 倾转四涵道飞机具有很好的升力,但缺点是平飞时无法达到高速。美国、以色列(图 2-12)、新西兰等国分别研制了采用涵道风扇的具有垂直起降功能的飞行汽车。涵道风扇动力 VTOL 飞行器还出现了一些新概念飞行器的设计方案,例如日本的环状布局方案和美国的球形飞行器(图 2-13)。这种飞行器既能够飞行,又能够在地面上滚动。在新型 VTOL 飞行器方面,国内开展了一些初步的研究工作,探索了新的设计方案。

图 2-11 "战斗猪"无人机

图 2 - 12　以色列的城市飞行器

图 2 - 13　美国的球形飞行器

2.2　VTOL 飞行器喷气推力类推进系统

喷气推力类 VTOL 飞行器具有起降灵活、平飞速度高的特点，特别适用于战斗机。实现垂直起降的方式经历了飞机转向到发动机转向再到推力转向的过程。现代 VTOL 飞行器用推进系统的构型设计都是基于推力转向概念展开的，可概括为共用型推进系统、组合型推进系统及复合型推进系统，它们的代表机型分别为“鹞”式战斗机、雅克 - 141 战斗机和 F - 35B 联合攻击战斗机。现在就推进系统的工作原理进行描述，这也是建立其数学模型的基础[16]。

2.2.1　共用型推进系统

1. 工作原理

共用型推进系统是根据 20 世纪 50 年代提出的“推力换向”的思想逐步发展起来的。该系统由一台发动机作为飞机垂直起降和巡航过程的动力来源，通过控制喷管的排气方向，使得战斗机在垂直起飞或水平飞行情况下产生不同方向和大小的推力，进而实现机身、发动机或喷口的旋转，完成相应的动作。世界各国研究的共用型推进系统 VTOL 飞行器及其发动机见表 2 - 1。

表 2-1 共用型推进系统 VTOL 飞行器及其发动机

类型	时间	研究机构	战斗机	发动机
发动机转向	1955 年	美国贝尔公司	65ATV	2 台“仙童”J-44
	1957 年	美国贝尔公司	X-14	2 台 ASV8
	1960 年	英国霍克公司	P.1127“茶隼”	1 台“飞马”2
	1963 年	苏联雅克设计局	雅克-36	2 台 R27-300
发动机推力转向	1969 年	美国 MDA/英国 BAE 公司	“鹞”式	1 台“飞马”6
飞机转向	1955 年	美国瑞安公司	X-13	1 台“埃汶”
	1959 年	法国斯奈克玛公司	C450	1 台 Atar101E
	2001 年	美国波音公司	X-32B	1 台 JSF119-614

2. 主要特点

(1)因为垂直起降和巡航飞行的动力都是通过改变喷口的方向进而产生不同方向和大小的推力的,所以喷口的数量相对较多。

(2)该类型推进系统的发动机需要安装在飞机重心附近位置,使得飞机的总体设计接近常规,但是气道短且粗,一般不能满足超音速飞行的要求。

(3)发动机质量较大,需要安装在翼尖且临近重心的位置,使得飞机总体设计难度降低,但是对机翼结构有很高的设计要求,增大了飞机的控制难度,所以对共用型推进系统的动力学建模及控制方法研究显得尤为重要。

2.2.2 组合型推进系统

1. 工作原理

组合型推进系统的代表机型是雅克-141 战斗机。该机型由相互独立的升力发动机和巡航发动机两类动力系统组合提供动力。在垂直起降过程中,升力发动机和巡航发动机共同作为动力来源;而在巡航飞行过程中,则由巡航发动机单独提供水平推力。世界各国研究的组合型推进系统 S/VTOL 战斗机及其发动机见表 2-2。

表 2-2 组合型推进系统 S/VTOL 战斗机及其发动机

类型	时间	研究机构	战斗机	发动机
升力发动机+巡航发动机	1962 年	法国达索公司	幻影“巴尔扎克”-V	8 台 RB108+1 台奥菲斯
	1963 年	德国 EWR 公司	VJ-101C	2 台 RB145+4 台 RB145
	1965 年	法国达索公司	幻影Ⅲ-V	8 台 RB162+1 台 TF30

表 2－2(续)

类型	时间	研究机构	战斗机	发动机
升力发动机＋升力/巡航发动机	1972 年	苏联雅克设计局	雅克－38	1 台 RD36－35＋ 1 台 R－27V－300
	1987 年	苏联雅克设计局	雅克－141	2 台 RD41＋1 台 R－79V

2. 主要特点

(1)组合型推进系统设计思路简单清晰,发动机功能分工明确,易于实现。

(2)发动机数量较多,使得飞机整体体积较大,载荷能力受限,且发动机的维护工作量大。

(3)发动机容错能力较差,如果一台发动机出现故障,可能会影响整个飞机的平衡性,使飞机可靠性下降。

2.2.3 复合型推进系统

1. 工作原理

复合型推进系统的典型代表是 F－35B 联合攻击战斗机,由升力装置和升力/巡航发动机配合实现动力环节。在垂直起降过程中,升力装置和升力/巡航发动机共同提供升力;在巡航飞行中,升力/巡航发动机提供飞行动力。世界各国研究的复合型推进系统 VTOL 战斗机及其发动机见表 2－3。

表 2－3　复合型推进系统 VTOL 战斗机及其发动机

类型	时间	研究机构	战斗机	发动机
升力发动机＋巡航发动机	1962 年	美国洛克希德·马丁公司	XV－4A	引射器＋2 台 JT124
	1978 年	美国罗克韦尔公司	XFV－12A	引射器＋1 台 F401
升力发动机＋升力/巡航发动机	1964 年	美国通用/瑞安公司	XV－5A	3 台涡轮叶尖风扇＋ 2 台 GEJ85－GE－5
	2001 年	美国洛克希德·马丁公司	F－35B	1 台轴驱动风扇＋ 1 台 F135

2. 主要特点

(1)该类推进系统的结构特点使得飞机在飞行过程中受到的气动影响较小,能用于超音速飞行,通用性较好。

(2)飞机总体机构复杂、体积较大,所以载荷能力和燃油载量均受到自重大的限制，使得作战能力和航程下降，容易出现升力不足的弊端。

(3)高温气流下的热燃气回吸现象会严重侵蚀机场地面。

2.2.4　主要应用的几种推进系统

在 VTOL 技术的发展过程中，英国、美国对 VTOL 飞行器推进系统构型、矢量喷管设计及喷流与地面干涉效应开展了大量的科研工作，取得了丰硕的成果，为其他国家 VTOL 升力技术的研究发展提供了有益借鉴[17]。

1. 英国 S/VTOL 飞行器推进系统研究

英国的“鹞”式战斗机是第一种实用型固定翼 VTOL 飞机。它采用了“飞马”推力矢量发动机。“飞马”发动机升力与推力由同一台发动机产生，通过转向喷管(矢量喷管)转向来实现升力与推力的相互转化。“飞马”发动机为双转子涡扇发动机，如图 2－14 所示。飞机两侧的进气道使进入的空气流入发动机，增压后将有 58% 的空气流入外涵道并由发动机两侧的喷管排出，同时产生一部分升力；剩余的空气进入核心机，由发动机后方两侧的喷管排出，产生另一部分升力，并与前方喷管升力相互平衡。喷管出口采用百叶窗式导流叶片以减弱气流在喷管内壁面的分离程度，增大了喷管的推力系数，发动机模态转换时，前后喷管通过传动系统实现同步转动以保证飞机的平衡。

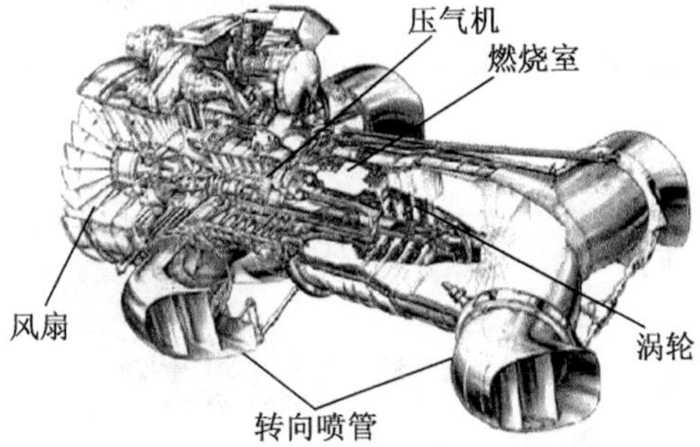

图 2－14　“飞马”发动机结构图

“飞马”发动机将喷管安装在发动机的两侧(图 2－15)并使其前端通过轴承与发动机连接，旋转范围为 0°～100°，可由水平位置旋转到垂直位置并向前旋转 10°到达反推位置，从而产生巡航推力、垂直升力及反推力。

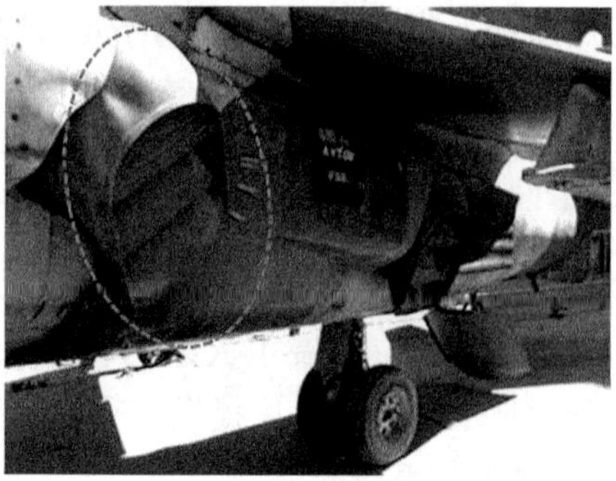

图 2－15 “飞马”发动机用转向喷管

2. 美国 S/VTOL 飞行器推进系统研究

美国与英国合作，在“鹞”式战斗机的基础上研制了 AV－8 型攻击机，并将其服役于美国海军陆战队，编号为 AV－8A。麦道公司对 AV－8A 进行了技术改进，增大了辅助进气道的面积，从而减小了飞机垂直起降时进气道内的总压损失，并将进气道唇口由圆弧形改成椭圆弧形用以减弱进气道内的压力畸变，改进后的进气道总压恢复系数提高了 1%，并将改进后的战斗机编号为 AV－8B。

为改进 AV－8B，波音公司研制了类似于当时服役的“鹞”式战斗机推进系统构型的 X－32B 推进系统构型，如图 2－16 所示。飞机需要的大部分升力由发动机涡轮与燃烧室之间的两个旋转式矢量喷管提供，而该喷管位于飞机的重心，在其垂直方向向前 10°与向后 45°的范围内可进行偏转。

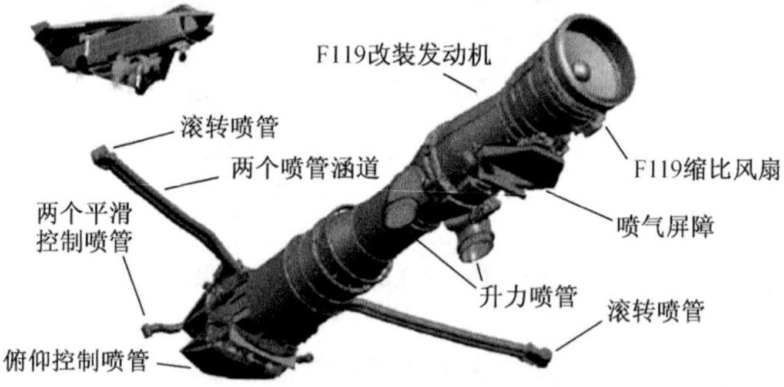

图 2－16 X－32B 动力装置布局

而由洛克希德·马丁公司研制的 X－35B 推进系统，最终发展为 F－35B VTOL 战斗机，F－35B 采用的带升力风扇的复合型推进系统是目前同类设计中综合性能最好的推进系统。轴驱动升力风扇推进系统如图 2－17 所示。

图2－18为推进系统内部主要环节结构简图。前置升力风扇产生的升力与后置升力/巡航发动机矢量喷管产生的升力保证了推进系统的前后升力平衡。

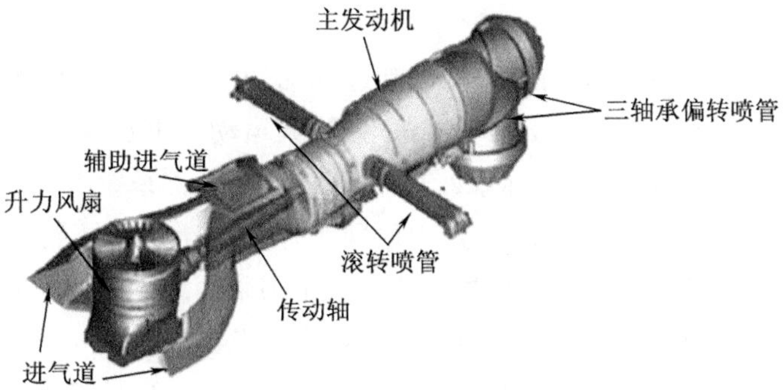

图2－17　轴驱动升力风扇推进系统

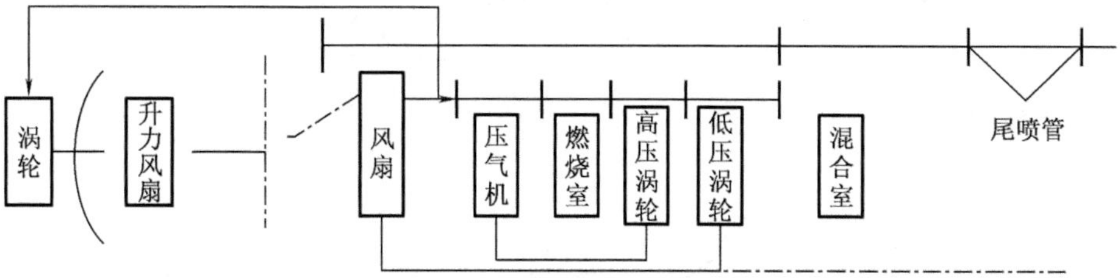

图2－18　推进系统内部主要环节结构简图

推进系统的基本工作原理是:飞机短距/垂直起降时,矢量喷管(三轴承偏转喷管)由水平转为垂直向下,它产生的垂直推力与升力风扇向上的升力,共同形成垂直方向的起降升力。同时,飞机两翼的喷气孔产生飞机不同旋转角度的旋转控制力,使整体达到垂直起降的运行控制。飞机正常飞行时,矢量喷管由垂直方向转为水平方向,同时关掉升力风扇,矢量喷管产生的水平推力推动飞机正常运行。

根据这一垂直起降驱动控制原理,本章下节将建立VTOL推进系统控制的数学模型。

2.3 VTOL 飞行器动力学模型的建立

本书研究的 VTOL 飞行器采用的推进系统是共用型推进系统，飞行器原型为英国麦道公司的 YAV－8B“鹞”式战斗机，其运动约束在水平－垂直平面内。飞行器模型的建立离不开坐标系，图 2－19 所示飞行器系统有两个坐标系——地面坐标系 R 和机体坐标系 A，其中地面坐标系用于确定飞行器的位置和姿态，机体坐标系的原点位于飞行器的质心。本书采用地面坐标系来表述系统的动力学模型。在建立系统模型之前，先做如下假设：

假设 2－1 忽略机翼和机身的弹性形变，将飞行器视为刚体，且质量为常数。

假设 2－2 不考虑周围空气动力的影响。

假设 2－3 地面坐标系为惯性坐标系，重力加速度为常量。

假设 2－4 飞行器在 $y-z$（水平－垂直）平面内运动。

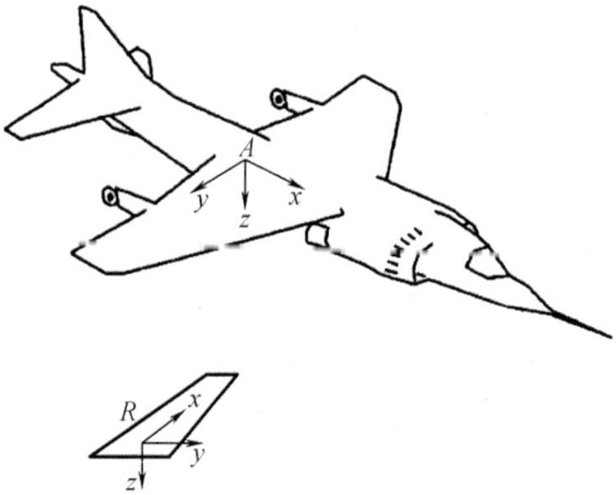

图 2－19 VTOL 飞行器原型

YAV－8B“鹞”式战斗机受力如图 2－20 所示，C 为质心，θ 为滚转角，$(\boldsymbol{i},\boldsymbol{j},\boldsymbol{k})$ 为地面坐标系，$(\boldsymbol{i}_a,\boldsymbol{j}_a,\boldsymbol{k}_a)$ 为位于飞行器质心的机体坐标系，其中 $\boldsymbol{i}_a=\boldsymbol{i}$，飞行器在 $\boldsymbol{j}-\boldsymbol{k}$ 平面运动，其受力情况如下：

$$\boldsymbol{T}=T\boldsymbol{k}_a$$

$$m\boldsymbol{g}=-mg\boldsymbol{k}$$

$$\boldsymbol{F}_1=(\boldsymbol{j}_a\sin\alpha+\boldsymbol{k}_a\cos\alpha)F$$

$$\boldsymbol{F}_2 = (\boldsymbol{j}_a \sin\alpha - \boldsymbol{k}_a \cos\alpha) F \tag{2-1}$$

式中,m 为飞行器的质量;$\boldsymbol{T}$ 为作用在飞机底部的推力;$\boldsymbol{F}_1$ 和 $\boldsymbol{F}_2$ 分别为作用在机翼 P_1 和 P_2 处的反作用力;$\boldsymbol{g}$ 为重力加速度;α 为 $\boldsymbol{F}_1$、$\boldsymbol{F}_2$ 与机翼相应方向的夹角。

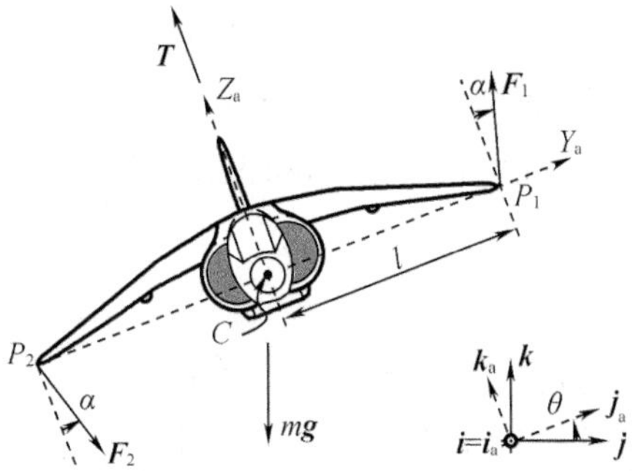

图 2-20　YAV-8B“鹞”式战斗机受力示意图

由牛顿第二定律和角动量定理得,飞行器质心运动方程为

$$\begin{cases} m\boldsymbol{a}_C = \boldsymbol{T} + m\boldsymbol{g} + \boldsymbol{F}_1 + \boldsymbol{F}_2 \\ \dot{\boldsymbol{\sigma}}_C = \overrightarrow{CP}_1 \times \boldsymbol{F}_1 + \overrightarrow{CP}_2 \times \boldsymbol{F}_2 \end{cases} \tag{2-2}$$

式中,$\boldsymbol{a}_C$ 和 $\boldsymbol{\sigma}_C$ 分别为质心 C 的加速度和角动量。由式(2-1)得

$$\begin{cases} m(\ddot{y}\boldsymbol{j} + \ddot{z}\boldsymbol{k}) = T\boldsymbol{k}_a + 2F\sin\alpha\,\boldsymbol{j}_a - mg\boldsymbol{k} \\ J\ddot{\theta}\boldsymbol{i}_a = 2Fl\cos\alpha\boldsymbol{i}_a \end{cases} \tag{2-3}$$

式中,$(0,y,z)$ 为 C 相对于地面坐标系的位置;J 为 C 关于穿越机身的 $\boldsymbol{i}_a$ 轴的转动惯量。

根据等式

$$\begin{bmatrix} \boldsymbol{j}_a \\ \boldsymbol{k}_a \end{bmatrix} = \begin{bmatrix} \cos\theta & \sin\theta \\ -\sin\theta & \cos\theta \end{bmatrix} \begin{bmatrix} \boldsymbol{j} \\ \boldsymbol{k} \end{bmatrix}$$

与式(2-3)可得

$$\begin{cases} m\ddot{y} = -T\sin\theta + 2F\sin\alpha\cos\theta \\ m\ddot{z} = T\cos\theta + 2F\sin\alpha\sin\theta - mg \\ \ddot{\theta} = \dfrac{2l\cos\alpha}{J}F \end{cases} \tag{2-4}$$

进一步推得,VTOL飞行器动力学模型为

$$\begin{cases}\ddot{y} = -u_1\sin\theta + \varepsilon u_2\cos\theta \\ \ddot{z} = u_1\cos\theta + \varepsilon u_2\sin\theta - g \\ \ddot{\theta} = u_2\end{cases} \tag{2-5}$$

式中，控制输入 $u_1 = \dfrac{T}{m}$ 为推力；$u_2 = \dfrac{2l\cos\alpha}{J}F$ 为滚转力矩；$\varepsilon = \dfrac{J\tan\alpha}{ml}$ 为滚动力矩与水平加速度间的耦合系数。系统有两个输出（$y_1 = y, y_2 = z$），三个自由度（y, z, θ），因此 VTOL 飞行器系统是典型的欠驱动系统。

接下来分析 VTOL 飞行器系统的零动态，采用精确线性化方法将系统式(2-5)线性化和解耦。

选取状态反馈控制律

$$\begin{bmatrix} u_1 \\ u_2 \end{bmatrix} = \begin{bmatrix} -\sin\theta & \cos\theta \\ \dfrac{\cos\theta}{\varepsilon} & \dfrac{\sin\theta}{\varepsilon} \end{bmatrix} \begin{bmatrix} v_1 \\ v_2 + g \end{bmatrix} \tag{2-6}$$

式中，v_1、v_2 为新的控制输入。

将式(2-6)代入式(2-5)得

$$\begin{cases}\ddot{y} = v_1 \\ \ddot{z} = v_2 \\ \ddot{\theta} = \dfrac{1}{\varepsilon}(\sin\theta + v_1\cos\theta + v_2\sin\theta)\end{cases} \tag{2-7}$$

令系统输出 y 和 z 及其各阶导数为零，得到系统零动态：

$$\ddot{\theta} = \frac{1}{\varepsilon}\sin\theta \tag{2-8}$$

式(2-8)是无阻尼摆方程，相平面如图 2-21 所示。由其相平面图可以看出，零动态是不稳定的。因此，VTOL 飞行器系统是一个非最小相位系统。

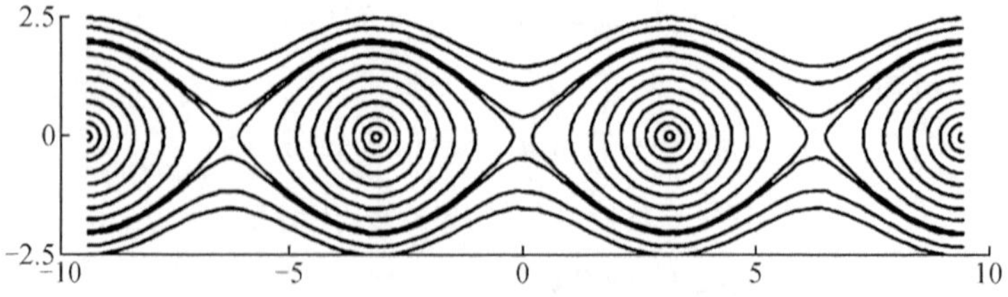

图 2-21　无阻尼摆相平面图

综上所述，VTOL 飞行器系统是具有强耦合、欠驱动、非最小相位等特点的非线性系统[21]，因此对它的控制具有一定难度。

进一步考虑输入受到干扰的情况，由式(2-5)可得具有不确定性输入干扰的 VTOL 飞行器动力学模型：

$$\begin{cases} \ddot{y} = -[u_1 + \xi_1(t)]\sin\theta + \varepsilon[u_2 + \xi_2(t)]\cos\theta \\ \ddot{z} = [u_1 + \xi_1(t)]\cos\theta + \varepsilon[u_2 + \xi_2(t)]\sin\theta - g \\ \ddot{\theta} = u_2 + \xi_2(t) \end{cases} \tag{2-9}$$

式中，$\xi_1(t)$ 和 $\xi_2(t)$ 分别为推力输入方向上的不确定性干扰和滚动输入方向上的不确定性干扰。

另外，VTOL 飞行器模型[式(2-5)]也适用于具有类似驱动结构的飞机和无人机。例如，目前大量使用的四旋翼无人机，当它做某垂直平面动作(包括垂直起降)时，可设置如下：前后两旋翼作为升力驱动，左右两旋翼以不同旋转速度产生对飞机姿态的偏转角控制，当姿态达到期望角度后，左右两旋翼恢复相同转速的升力驱动，以新的姿态运行。它的数学模型稍加改进即可转换为本书的数学模型进行控制，即可以在某垂直于飞行方向的平面进行飞行控制，在该平面上进行"定点""直线""圆形""复杂曲线"等轨迹跟踪。当然，以上方案的实行必然还有许多实施的技术细节需要解决。比如，偏转运行时，可能会影响原方向姿态的变化，需要采取一定的措施。改为八旋翼结构(分为 4 组，每组采用不同的旋转方向)就可以使这一问题得到很好解决。

2.4 本章小结

本章详细阐述了 VTOL 飞行器的分类和典型 VTOL 飞行器的特点，同时介绍了不同类型 VTOL 飞行器的推进系统及其特点，并且在此基础上，进一步推导了本课题所采用的 VTOL 飞行器动力学模型，给出了模型建立的具体过程，分析了模型特点。

第 3 章　基于自适应浸入与不变的 VTOL 飞行器轨迹跟踪控制

3.1 引　　言

VTOL 飞行器是一种典型的强耦合、欠驱动、非最小相位系统[71]，其控制器的设计极具挑战性，得到了国内外研究人员的高度重视。现有 VTOL 飞行器的研究主要有两个方向——镇定控制和轨迹跟踪控制，已有许多文献对其进行了深入研究[71-82]。文献[21]在忽略飞行器滚动控制输入和横向加速度间耦合关系的情况下，采用近似输入-输出线性化方法克服了零动态不稳定的难题。文献[77]采用模型分解的方法研究了输出轨迹跟踪问题。文献[78-79]基于观测器重构速度信号，采用反步法实现了 VTOL 飞行器全局输出渐近跟踪。文献[80]中应用饱和函数法进一步解决了输入受限情况下 VTOL 飞行器的轨迹跟踪问题。文献[81]提出一种特殊饱和技术法，研究了 VTOL 飞行器镇定问题。针对系统输入存在饱和问题，文献[82]提出一种滑模控制方案，解决了 VTOL 飞行器在输入饱和情况下的轨迹跟踪问题。然而，关于系统受到的输入干扰问题开展的研究却很少，但是输入干扰是不可避免的，会严重影响系统的控制性能。

为了解决系统输入干扰问题，本章采用自适应浸入与不变(adaptive control via system immersion and manifold invariance，简称自适应 I&I 控制)方法进行在线干扰估计。自适应 I&I 控制方法[83-84]由 Astolfi 等人提出，是一种新的基于系统浸入与不变的非线性自适应控制方法[85-89]。相对于传统自适应控制方法，该方法不依赖于确定性等价原则，使参数估计和控制器设计分开进行，因此闭环系统暂态性能不受估计律动态的影响；同时估计律动态可调节，可明显提高估计精度和收敛速度。

对于存在输入干扰的 VTOL 飞行器系统输出跟踪控制问题，本章提出一种将自适应 I&I 与滑模变结构控制方法相结合的控制策略。为了克服输入干扰对系统的不利影响，这种控制策略采用自适应 I&I 干扰估计律对干扰进行实时估计,通过选取合适的干扰补偿函数,能够保证干扰误差估计系统指数收敛。基于自适应 I&I 干扰估计律和滑模控制方法,设计了鲁棒跟踪控制器。利用 Lyapunov 稳定性理论证明了闭环系统的稳定性。仿真结果表明,所提出的方法在输入受扰情况下,能够保证系统输出快速、稳定地跟踪给定参考轨迹,并且自适应 I&I 估计律在估计精度和收敛速度方面明显优于传统自适应估计方法。

3.2　问题阐述

根据第 2 章所述的 VTOL 飞行器模型[式(2-9)]可知,具有输入干扰的 VTOL 飞行器动力学模型可表示为

$$\begin{cases} \dot{x}_1 = x_2 \\ \dot{x}_2 = -[u_1 + \xi_1(t)]\sin x_5 + \varepsilon[u_2 + \xi_2(t)]\cos x_5 \\ \dot{x}_3 = x_4 \\ \dot{x}_4 = [u_1 + \xi_1(t)]\cos x_5 + \varepsilon[u_2 + \xi_2(t)]\sin x_5 - g \\ \dot{x}_5 = x_6 \\ \dot{x}_6 = u_2 + \xi_2(t) \end{cases} \tag{3-1}$$

式中,x_1 和 x_3 分别为 VTOL 飞行器质心的水平方向和垂直方向位置;x_5 为滚转角;u_1 和 u_2 分别为飞行器底部推力控制输入和滚动控制输入;g 为重力加速度;ε 是描述滚动控制输入和横向加速度关系的耦合系数;$\xi_1(t)$ 和 $\xi_2(t)$ 分别为推力输入方向上的不确定性干扰和滚动输入方向上的不确定性干扰。系统输出为$y_1 = x_1, y_2 = x_3, y_3 = x_5$。

假设 3-1　假设干扰 $\xi_1(t)$ 和 $\xi_2(t)$ 是有界未知干扰,且其导数也有界。

定义

$$\begin{cases} d_1(t) = -\xi_1(t)\sin x_5 + \varepsilon\xi_2(t)\cos x_5 \\ d_2(t) = \xi_1(t)\cos x_5 + \varepsilon\xi_2(t)\sin x_5 \\ d_3(t) = \xi_2(t) \end{cases} \tag{3-2}$$

则 $d_i(t)(i = 1,2,3)$ 及其一阶导数也是有界的。

将式(3-2)代入系统式(3-1)可得

$$\begin{cases}\dot{x}_1 = x_2 \\ \dot{x}_2 = -u_1\sin x_5 + \varepsilon u_2\cos x_5 + d_1(t) \\ \dot{x}_3 = x_4 \\ \dot{x}_4 = u_1\cos x_5 + \varepsilon u_2\sin x_5 - g + d_2(t) \\ \dot{x}_5 = x_6 \\ \dot{x}_6 = u_2 + d_3(t)\end{cases} \tag{3-3}$$

本章解决的是 VTOL 飞行器的鲁棒输出跟踪问题。给定飞行器的位置参考轨迹为 $\boldsymbol{Y}_{\mathrm{d}} = (y_{1\mathrm{d}}, y_{2\mathrm{d}})$，设计控制律 u_1 和 u_2 使得系统式(3-3)在存在不确定性输入干扰的情况下，$y_1(t)$ 和 $y_2(t)$ 分别渐近跟踪 $y_{1\mathrm{d}}$ 和 $y_{2\mathrm{d}}$，同时保证内部动态 (x_5, x_6) 稳定到(0,0)。

3.3 系统解耦

对系统式(3-3)，选择可逆的控制变换

$$\begin{bmatrix} u_1 \\ u_2 \end{bmatrix} = \begin{bmatrix} -\sin x_5 & \varepsilon\cos x_5 \\ \cos x_5 & \varepsilon\sin x_5 \end{bmatrix}^{-1} \begin{bmatrix} v_1 + \ddot{y}_{1\mathrm{d}} \\ v_2 + g + \ddot{y}_{2\mathrm{d}} \end{bmatrix} \tag{3-4}$$

式中，v_1 和 v_2 为新的控制输入。将式(3-4)代入式(3-3)可得

$$\begin{cases}\dot{x}_1 = x_2 \\ \dot{x}_2 = v_1 + \ddot{y}_{1\mathrm{d}} + d_1(t) \\ \dot{x}_3 = x_4 \\ \dot{x}_4 = v_2 + \ddot{y}_{2\mathrm{d}} + d_2(t) \\ \dot{x}_5 = x_6 \\ \dot{x}_6 = \dfrac{1}{\varepsilon}v_1\cos x_5 + \dfrac{1}{\varepsilon}\ddot{y}_{1\mathrm{d}}\cos x_5 + \dfrac{1}{\varepsilon}v_2\sin x_5 + \dfrac{1}{\varepsilon}\ddot{y}_{2\mathrm{d}}\sin x_5 + \dfrac{g}{\varepsilon}\sin x_5 + d_3(t)\end{cases} \tag{3-5}$$

为便于控制器设计，定义坐标变换

$$\begin{cases} e_1 = x_1 - y_{1d} \\ e_2 = x_2 - \dot{y}_{1d} \\ e_3 = x_3 - y_{2d} \\ e_4 = x_4 - \dot{y}_{2d} \\ \eta_1 = x_5 \\ \eta_2 = \varepsilon x_6 - e_2 \cos x_5 - e_4 \sin x_5 \end{cases} \tag{3-6}$$

利用坐标变换式(3-6)将系统式(3-5)进行解耦，进而得到跟踪误差系统

$$\begin{cases} \dot{e}_1 = e_2 \\ \dot{e}_2 = v_1 + d_1(t) \\ \dot{e}_3 = e_4 \\ \dot{e}_4 = v_2 + d_2(t) \\ \dot{\eta}_1 = \dfrac{1}{\varepsilon}(\eta_2 + e_2 \cos \eta_1 + e_4 \sin \eta_1) \\ \dot{\eta}_2 = \dfrac{1}{\varepsilon}(\eta_2 + e_2 \cos \eta_1 + e_4 \sin \eta_1)(e_2 \sin \eta_1 - e_4 \cos \eta_1) + \\ \qquad \ddot{y}_{1d} \cos \eta_1 + (\ddot{y}_{2d} + g) \sin \eta_1 \end{cases} \tag{3-7}$$

式中，$\ddot{y}_{1d}$和$\ddot{y}_{2d}$分别为给定的位置参考轨迹的二阶导数。

误差系统式(3-7)的不稳定零动态为

$$\dot{\boldsymbol{\eta}} = \boldsymbol{\Gamma}(\boldsymbol{\eta}, \boldsymbol{e}, \ddot{\boldsymbol{Y}}_d) \tag{3-8}$$

式中，$\boldsymbol{\eta} = [\eta_1 \quad \eta_2]^T$；$\boldsymbol{e} = [e_1 \quad e_2 \quad e_3 \quad e_4]^T$；$\ddot{\boldsymbol{Y}}_d = [\ddot{y}_{1d} \quad \ddot{y}_{2d}]^T$，为给定参考轨迹的二阶导数向量。

零动态与跟踪误差有如下关系：

$$\begin{cases} \left.\dfrac{\partial \boldsymbol{\Gamma}(\boldsymbol{\eta}, \boldsymbol{e}, \ddot{\boldsymbol{Y}}_d)}{\partial (e_1, e_2)}\right|_O \neq \boldsymbol{O}_{2\times 2} \\ \left.\dfrac{\partial \boldsymbol{\Gamma}(\boldsymbol{\eta}, \boldsymbol{e}, \ddot{\boldsymbol{Y}}_d)}{\partial (e_3, e_4)}\right|_O = \boldsymbol{O}_{2\times 2} \end{cases} \tag{3-9}$$

由此可知，系统零动态与(e_3, e_4)无关，与(e_1, e_2)相关，因此，误差系统可以分解为最小相位部分

$$\begin{cases} \dot{e}_3 = e_4 \\ \dot{e}_4 = v_2 + d_2(t) \end{cases} \tag{3-10}$$

和非最小相位部分

$$\begin{cases}\dot{e}_1 = e_2 \\ \dot{e}_2 = v_1 + d_1(t) \\ \dot{\boldsymbol{\eta}} = \boldsymbol{\Gamma}(\boldsymbol{\eta}, \boldsymbol{e}, \ddot{\boldsymbol{Y}}_{\mathrm{d}})\end{cases} \tag{3-11}$$

因此,原系统式(3-3)的跟踪问题转换成跟踪误差子系统式(3-10)和式(3-11)的镇定控制问题。基于以上系统分解方法,我们分别对两个子系统式(3-10)和式(3-11)设计控制律。

3.4 自适应浸入与不变估计律

3.4.1 浸入与不变

2003 年,Astolfi 和 Ortega 提出了一种基于非线性调节理论和微分几何概念的非线性系统控制方法:浸入与不变控制(I&I 控制)[83]。与传统控制方法相比,I&I 控制无须构造 Lyapunov 函数。该方法利用系统浸入的概念和流形不变性来设计控制器,使得系统稳定。它非常适合于对低阶系统设计稳定的控制器的情形,通过选择合适的浸入映射和控制律,使得被控系统完全浸入目标系统中,再利用流形不变性保证闭环系统渐近稳定。基本思路如下:对于非线性系统 $\dot{x} = f(x,u)$,首先,构造一个渐近稳定的低阶目标系统 $\dot{\xi} = \alpha(\xi)$,其中 ξ 的维数严格小于 x 的维数。定义映射 $x = \pi(\xi)$ 和函数 $c(x)$,使得 $f(\pi(\xi), c(\pi(\xi))) = (\partial\pi(\xi)/\partial\xi)\alpha(\xi)$,即系统 $\dot{x} = f(x, c(x))$ 的任意轨迹 $x(t)$ 都是目标系统轨迹通过映射 $\pi(\cdot)$ 的像,因此被控系统通过映射 $\pi(\cdot)$ 完全浸入低阶目标系统中。其次,提出合适的控制律使得流形 $x = \pi(\xi)$ 保持不变和吸引,从而保证闭环系统所有轨迹有界。通过这种方法,我们可以得到闭环系统与目标系统具有相同的渐近行为,最终使得闭环系统渐近稳定[83]。

定理 3-1(I&I 控制) 考虑系统

$$\dot{x} = f(x) + g(x)u \tag{3-12}$$

式中,状态 $x \in \mathbf{R}^n$,控制 $u \in \mathbf{R}^m$ 使得状态趋于平衡点 $x_* \in \mathbf{R}^n$。令 $p < n$,假定能够找到以下映射

$$\alpha(\cdot): \mathbf{R}^p \to \mathbf{R}^p, \pi(\cdot): \mathbf{R}^p \to \mathbf{R}^n, c(\cdot): \mathbf{R}^p \to \mathbf{R}^m$$

$$\varphi(\cdot): \mathbf{R}^p \to \mathbf{R}^{n-p}, \varphi(\cdot,\cdot): \mathbf{R}^{n\times(n-p)} \to \mathbf{R}^m$$

使得下列假设条件成立:

H1.(目标系统)系统

$$\dot{\xi}=\alpha(\xi) \tag{3-13}$$

具有全局渐近稳定的平衡点$\xi_*\in\mathbf{R}^p$，且满足$x_*=\pi(\xi_*)$，其中状态$\xi\in\mathbf{R}^p$；

H2.（浸入条件）对于所有$\xi\in\mathbf{R}^p$，等式

$$f(\pi(\xi))+g(\pi(\xi))c(\pi(\xi))=[\partial\pi(\xi)/\partial\xi]\alpha(\xi) \tag{3-14}$$

成立；

H3.（隐含流形）下列集合恒等成立

$$M=\{x\in\mathbf{R}^n\mid\varphi(x)=0\}=\{x\in\mathbf{R}^n\mid x=\pi(\xi),\xi\in\mathbf{R}^p\} \tag{3-15}$$

H4.（流形吸引性和轨迹有界）系统

$$\dot{z}=(\partial\varphi/\partial x)[f(x)+g(x)\varphi(x,z)] \tag{3-16}$$

$$\dot{x}=f(x)+g(x)\varphi(x,z) \tag{3-17}$$

的所有轨迹有界，并满足

$$\lim_{t\to\infty}z(t)=0 \tag{3-18}$$

则x_*是闭环系统

$$\dot{x}=f(x)+g(x)\varphi(x,\varphi(x)) \tag{3-19}$$

的全局渐近稳定的平衡点。

证明

分两步完成证明。首先证明平衡点x_*是全局吸引的，然后证明闭环系统Lyapunov稳定。

由H4和式(3-16)右侧φ可得，闭环系统的任何轨迹有界且式(3-18)成立，即闭环系统收敛于H3所定义的流形$\varphi(x)=0$。再者，由H1和H2可知流形是不变且内部稳定的，因此闭环系统所有轨迹收敛于平衡点x_*。

现在证明闭环系统是Lyapunov稳定的，注意闭环系统的任意轨迹是目标系统通过映射$\pi(\cdot)$得到的像，由H1可知目标系统是全局渐近稳定的。而且，对于任意$\varepsilon_1>0$，存在$\delta_1>0$，使得$\|\xi(0)\|<\delta_1$，这意味着$\|\xi(t)\|<\varepsilon_1$。因此，由$\pi(\cdot)$的正则性得，对于任意$\varepsilon>0$，存在$\delta>0$，使得

$$\|\pi(\xi(0))\|<\delta\Rightarrow\|\pi(\xi(t))\|<\varepsilon$$

成立。

证毕。

定义3-1(I&I镇定)[83] 如果系统式(3-12)具有目标动态$\dot{\xi}=\alpha(\xi)$，且满足假设条件H1~H4，则称该系统为I&I镇定。

综上可知，通过I&I方法实现系统控制主要分三步：

(1)选取一个渐近稳定的动态系统作为目标系统，要求该系统的维数严格小于原系统的维数；

(2)寻找一个满足浸入条件 H2 的浸入映射 $\pi(\cdot)$；

(3)设计合适的控制律 $u=\varphi(x,\varphi(x))$，保证流形 M 不变和吸引，且使闭环系统的所有轨迹有界。

注 3－1　为了便于理解浸入与不变方法，给出如图 3－1 所示示意图。原系统是 n 维的($n=3$)，目标系统为 p 维系统($p=1$)，浸入与不变理论中，要求 $p<n$。实际上，采用 Lyapunov 方法设计系统控制器也是一种浸入与不变控制方法，通过选取合适的 Lyapunov 函数 $V(x)$(满足 $V(x)>0$，且 $\dot{V}(x)=\alpha(V)<0$)，将一个渐近稳定的低维系统 $\dot{V}(x)=\alpha(V)$ 浸入高维系统，这就是浸入与不变控制的本质。

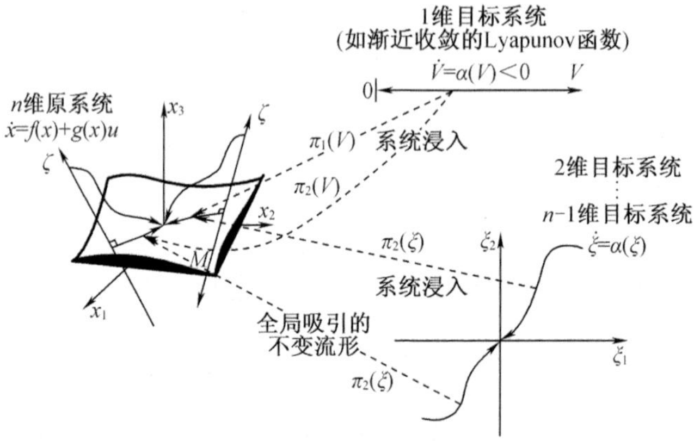

图 3－1　浸入与不变示意图

注 3－2　使用 I&I 方法时，控制器的设计依赖于偏微分方程(3－14)的求解，这不是一件容易的事。一般情况下，根据目标系统期望特性、原系统的物理原理及系统理论知识来选取合适的目标系统，可以解决这个难题。

3.4.2　自适应浸入与不变估计律设计

除了应用于非线性系统镇定，浸入与不变思想也可以应用在自适应估计律的设计上，即自适应 I&I 控制。与传统自适应估计律不同，自适应 I&I 控制方法无须遵循确定性等价原则，在估计律设计中引入了额外的补偿函数，增加了估计律设计的灵活性，从而可以实现精确估计。此外，自适应 I&I 估计律设计与控制器设计分开进行，二者互不影响，因此该方法可以与已有非线性控制方法结合使用，满足实际调节的需要。

本书采用自适应 I&I 方法对系统未知干扰 $d_1(t)$ 和 $d_2(t)$ 进行估计，根据自适应 I&I 控制方法，定义流形

$$\begin{cases} M_1 = \{(e_1, e_2, d_1) \mid \hat{d}_1(t) + \beta_1(e_1, e_2) - d_1(t) = 0\} \\ M_2 = \{(e_3, e_4, d_2) \mid \hat{d}_2(t) + \beta_2(e_3, e_4) - d_2(t) = 0\} \end{cases} \tag{3-20}$$

式中，假设相对于干扰估计误差系统动态特性，干扰的变化是缓慢的，即 $\dot{d}_1 \approx \dot{d}_2 \approx 0$，$\hat{d}_i(t)$ 为 $d_i(t)$ 的估计值，$\beta_i(\cdot)$ 为待选取的补偿函数，$i = 1, 2$。

定理 3-2　对系统式(3-10)和式(3-11)，选取流形式(3-20)以及干扰估计误差方程

$$z_1(t) = \hat{d}_1(t) + \beta_1(e_1, e_2) - d_1(t) \tag{3-21}$$

$$z_2(t) = \hat{d}_2(t) + \beta_2(e_3, e_4) - d_2(t) \tag{3-22}$$

设计自适应 I&I 估计律

$$\dot{\hat{d}}_1 = -\frac{\partial \beta_1}{\partial e_1} e_2 - \frac{\partial \beta_1}{\partial e_2}[v_1 + \hat{d}_1(t) + \beta_1] \tag{3-23}$$

$$\dot{\hat{d}}_2 = -\frac{\partial \beta_2}{\partial e_3} e_4 - \frac{\partial \beta_2}{\partial e_4}[v_2 + \hat{d}_2(t) + \beta_2] \tag{3-24}$$

选取光滑函数

$$\beta_1(e_1, e_2) = \lambda_1 e_2 \tag{3-25}$$

$$\beta_2(e_3, e_4) = \lambda_2 e_4 \tag{3-26}$$

式中，$\lambda_1 > 0$，$\lambda_2 > 0$ 为可调参数。若假设 3-1 成立，则系统式(3-10)和式(3-11)对应的流形 M_1 和 M_2 是不变和吸引的，干扰误差系统 z_1 和 z_2 是全局指数稳定的。

证明　分别对干扰估计误差式(3-21)和式(3-22)求导，得到干扰估计误差系统

$$\dot{z}_1 = \dot{\hat{d}}_1 + \frac{\partial \beta_1}{\partial e_1} e_2 + \frac{\partial \beta_1}{\partial e_2}[v_1 + d_1(t)] = \dot{\hat{d}}_1 + \frac{\partial \beta_1}{\partial e_1} e_2 + \frac{\partial \beta_1}{\partial e_2}[v_1 + \hat{d}_1(t) + \beta_1 - z_1] \tag{3-27}$$

$$\dot{z}_2 = \dot{\hat{d}}_2 + \frac{\partial \beta_2}{\partial e_3} e_4 + \frac{\partial \beta_2}{\partial e_4}[v_2 + d_2(t)] = \dot{\hat{d}}_2 + \frac{\partial \beta_2}{\partial e_3} e_4 + \frac{\partial \beta_2}{\partial e_4}[v_2 + \hat{d}_2(t) + \beta_2 - z_2] \tag{3-28}$$

将自适应 I&I 估计律式(3-23)和式(3-24)分别代入误差系统式(3-27)和式(3-28)中，可得

$$\dot{z}_1 = -\frac{\partial \beta_1}{\partial e_2} z_1 \tag{3-29}$$

$$\dot{z}_2 = -\frac{\partial \beta_2}{\partial e_4} z_2 \tag{3-30}$$

为使干扰估计误差 z_1 和 z_2 按指数规律收敛，设计式(3-25)和式(3-26)形式的光滑函数 β_1 和 β_2。

将式(3-25)和式(3-26)分别代入误差系统式(3-29)和式(3-30)可得

$$\dot{z}_1 = -\lambda_1 z_1$$

$$\dot{z}_2 = -\lambda_2 z_2$$

由于 $\lambda_1>0, \lambda_2>0$，则干扰估计误差系统是指数稳定的，因此干扰估计误差 z_1、z_2 是按指数收敛的，即有

$$\lim_{t\to\infty} z_1 = 0, \lim_{t\to\infty} z_2 = 0$$

进而实现了 $\hat{d}_1(t)+\beta_1(e_1,e_2)$ 和 $\hat{d}_2(t)+\beta_2(e_3,e_4)$ 分别对 $d_1(t)$ 和 $d_2(t)$ 的渐近估计，这意味着由式(3-21)和式(3-22)定义的干扰估计误差所对应的流形 M_1 和 M_2 是不变和吸引的；并且通过调节估计律增益可以调节误差收敛速度，进而改善控制器性能。

证毕。

3.5　控制器设计

为实现对给定轨迹的鲁棒跟踪，本书基于上节设计的自适应 I&I 干扰估计律，结合滑模控制方法，分别对误差子系统式(3-10)和式(3-11)设计了控制器，并在控制器中对干扰进行了有效补偿，得出如下结论。

首先对最小相位系统式(3-10)进行控制器设计。

命题 3-1　对于最小相位系统式(3-10)，如果采用可逆的控制变换式(3-4)，选取滑模面

$$s_1 = e_4 + k e_3 \tag{3-31}$$

设计滑模控制律

$$v_2 = -h_2 \operatorname{sign}(s_1) - \hat{d}_2 - \beta_2(e_3,e_4) - k e_4 \tag{3-32}$$

式中，$h_2>0, k>0$，则闭环跟踪误差系统式(3-10)渐近稳定，且在有限时间内有 $y_2 = x_3 \to y_{2d}$，$\dot{y}_2 = x_4 \to \dot{y}_{2d}$。

证明　考虑 Lyapunov 函数

$$V_1 = \frac{1}{2} s_1^2$$

则沿系统式(3－10)轨迹求导得

$$\dot{V}_1 = s_1\dot{s}_1 = s_1(\dot{e}_4 + k\dot{e}_3) = s_1(v_2 + d_2 + ke_4)$$

将所设计滑模控制律式(3－32)代入上式，并整理得

$$\dot{V}_1 = -z_2 s_1 - h_2 |s_1|$$

由定理3－2可知，z_2 按指数形式收敛于零，再由 $h_2 > 0$，可得 $\dot{V}_1 < 0$。因此存在有限时间 $t_{s1} > 0$，当 $t \geqslant t_{s1}$ 时，有

$$s_1 = e_4 + ke_3 = 0$$

从而

$$\dot{e}_3 = -ke_3$$

所以 $\lim\limits_{t\to\infty} e_3 = 0$。又由 $s_1 = 0$，可得 $\lim\limits_{t\to\infty} e_4 = 0$。即对于任意二阶可导的期望输出 $\boldsymbol{Y}_{\mathrm{d}} = (y_{1\mathrm{d}}, y_{2\mathrm{d}})$，根据式(3－6)，在有限时间内，有 $y_2 = x_3 \to y_{2\mathrm{d}}$，$\dot{y}_2 = x_4 \to \dot{y}_{2\mathrm{d}}$。

证毕。

现在讨论非最小相位系统式(3－11)。

对非最小相位子系统式(3－11)，令 $\mu_1 = e_2$，$\boldsymbol{\mu}_2 = [e_1 \quad \eta_1 \quad \eta_2]^{\mathrm{T}}$，则式(3－11)变为

$$\dot{\mu}_1 = v_1 + d_1(t)$$

$$\dot{\boldsymbol{\mu}}_2 = \boldsymbol{p}(\boldsymbol{e}, \boldsymbol{\eta}, \ddot{\boldsymbol{Y}}_{\mathrm{d}}) \tag{3-33}$$

式中

$$\boldsymbol{p}(\boldsymbol{e}, \boldsymbol{\eta}, \ddot{\boldsymbol{Y}}_{\mathrm{d}}) = \begin{bmatrix} e_2 \\ \dfrac{1}{\varepsilon}(\eta_2 + e_2\cos\eta_1 + e_4\sin\eta_1) \\ \dfrac{1}{\varepsilon}(\eta_2 + e_2\cos\eta_1 + e_4\sin\eta_1)(e_2\sin\eta_1 - e_4\cos\eta_1) + \ddot{y}_{\mathrm{d}1}\cos\eta_1 + (\ddot{y}_{\mathrm{d}2} + g)\sin\eta_1 \end{bmatrix}$$

将式(3－33)的第二个方程线性化，得

$$\dot{\boldsymbol{\mu}}_2 = \boldsymbol{A}_1\mu_1 + \boldsymbol{A}_2\boldsymbol{\mu}_2 + \boldsymbol{o}(\boldsymbol{e}, \boldsymbol{\eta}, \ddot{\boldsymbol{Y}}_{\mathrm{d}}) \tag{3-34}$$

式中

$$\boldsymbol{A}_1 = \left.\frac{\partial \boldsymbol{p}(\boldsymbol{e}, \boldsymbol{\eta}, \ddot{\boldsymbol{Y}}_{\mathrm{d}})}{\partial [e_1 \quad \eta_1 \quad \eta_2]}\right|_O = \begin{bmatrix} 0 & 0 & 0 \\ 0 & 0 & \dfrac{1}{\varepsilon} \\ 0 & g & 0 \end{bmatrix}$$

$$\boldsymbol{A}_2 = \left.\frac{\partial \boldsymbol{p}(\boldsymbol{e}, \boldsymbol{\eta}, \ddot{\boldsymbol{Y}}_{\mathrm{d}})}{\partial e_2}\right|_O = \begin{bmatrix} 1 & \dfrac{1}{\varepsilon} & 0 \end{bmatrix}^{\mathrm{T}}$$

$\boldsymbol{o}(\boldsymbol{e},\boldsymbol{\eta},\ddot{\boldsymbol{Y}}_{\mathrm{d}})=\boldsymbol{p}(\boldsymbol{e},\boldsymbol{\eta},\ddot{\boldsymbol{Y}}_{\mathrm{d}})-\boldsymbol{A}_1\boldsymbol{\mu}_1-\boldsymbol{A}_2\boldsymbol{\mu}_2$ 为高阶项。显而易见，$(\boldsymbol{A}_2,\boldsymbol{A}_1)$ 完全能控。

对系统式(3－34)定义滑模函数为

$$s_2=\mu_1-\boldsymbol{M}\boldsymbol{\mu}_2 \tag{3-35}$$

选取 $\boldsymbol{M}=[m_1\quad m_2\quad m_3]^{\mathrm{T}}$，使 $\boldsymbol{A}_2+\boldsymbol{A}_1\boldsymbol{M}$ 为 Hurwitz 的。

命题 3－2 对于非最小相位系统式(3－11)，如果选择可逆的控制变换式(3－4)以及滑模面式(3－35)，设计滑模控制律

$$v_1=\boldsymbol{M}\boldsymbol{p}-\hat{d}_1-\beta_1(e_1,e_2)-h_1\operatorname{sign}(s_2) \tag{3-36}$$

式中，$h_1>0$，则闭环跟踪误差系统式(3－11)渐近稳定，同时系统内部动态稳定，且在有限时间内，有 $y_1=x_1\rightarrow y_{1\mathrm{d}},\dot{y}_1=x_2\rightarrow\dot{y}_{1\mathrm{d}},\lim\limits_{t\rightarrow\infty}x_5=0,\lim\limits_{t\rightarrow\infty}x_6=0$。

证明 考虑 Lyapunov 函数

$$V_2=\frac{1}{2}s_2^2$$

则有

$$\dot{V}_2=s_2\dot{s}_2=s_2(\dot{\mu}_1-\boldsymbol{M}\dot{\boldsymbol{\mu}}_2)=s_2(v_1+d_1-\boldsymbol{M}\boldsymbol{p})$$

将所设计的滑模控制律式(3－36)代入上式，并整理得

$$\dot{V}=-z_1s_2-h_2|s_2|$$

根据定理 3－2 得 z_1 按指数形式收敛于零，则 $\dot{V}_2<0$。因此存在有限时间 $t_{s2}>0$，使得当 $t\geqslant t_{s2}$ 时，有

$$s_2=\mu_1-\boldsymbol{M}\boldsymbol{\mu}_2=0$$

进一步推得

$$\dot{\boldsymbol{\mu}}_2=\boldsymbol{A}_2\boldsymbol{\mu}_2+\boldsymbol{A}_1\mu_1+\boldsymbol{o}(\boldsymbol{e},\boldsymbol{\eta},\ddot{\boldsymbol{Y}}_{\mathrm{d}})=(\boldsymbol{A}_2+\boldsymbol{A}_1\boldsymbol{M})\boldsymbol{\mu}_2+\boldsymbol{o}(\boldsymbol{e},\boldsymbol{\eta},\ddot{\boldsymbol{Y}}_{\mathrm{d}})$$

由于 $\boldsymbol{o}(\boldsymbol{e},\boldsymbol{\eta},\ddot{\boldsymbol{Y}}_{\mathrm{d}})$ 是高阶项且 $\boldsymbol{A}_2+\boldsymbol{A}_1\boldsymbol{M}$ 为 Hurwitz 的，所以非最小相位闭环系统式(3－11)是指数稳定的，即有

$$\lim_{t\rightarrow\infty}e_1=0,\lim_{t\rightarrow\infty}\eta_1=0,\lim_{t\rightarrow\infty}\eta_2=0$$

又由 $s_2=0$ 得

$$\lim_{t\rightarrow\infty}e_2=0$$

进而有

$$y_1=x_1\rightarrow y_{1\mathrm{d}},\dot{y}_1=x_2\rightarrow\dot{y}_{1\mathrm{d}},\lim_{t\rightarrow\infty}\eta_1=0,\lim_{t\rightarrow\infty}\eta_2=0$$

再由式(3－6)可得

$$\lim_{t\rightarrow\infty}x_5=0,\lim_{t\rightarrow\infty}x_6=0$$

综上可得,系统式(3-11)是内部动态稳定的。

证毕。

综合命题3-1和命题3-2以定理形式给出本章主要结论。

定理3-3 对于VTOL飞行器系统式(3-1),如果采用由式(3-4)、式(3-23)、式(3-24)、式(3-32)和式(3-36)组成的自适应I&I滑模控制器,则闭环跟踪误差系统渐近稳定且内部动态稳定,即 $y_1=x_1\to y_{1d}$, $\dot{y}_1=x_2\to\dot{y}_{1d}$, $y_2=x_3\to y_{2d}$, $\dot{y}_2=x_4\to\dot{y}_{2d}$, $\lim\limits_{t\to\infty}x_5=0$, $\lim\limits_{t\to\infty}x_6=0$。

3.6 仿真研究

为验证本书所提控制算法的有效性,在MATLAB/Simulink环境下进行了VTOL飞行器仿真实验,并将仿真结果与传统自适应估计律仿真结果进行比较分析。设定期望轨迹为椭圆形:$y_{d1}=3\cos(0.2t)$, $y_{d2}=2\sin(0.2t)$,模型参数为 $\varepsilon=0.5$。

不确定性干扰:

$$\xi_1(t)=0.5\sin\left(2t+\frac{\pi}{3}\right)+0.2\cos(4t)$$

$$\xi_2(t)=0.2\sin\left(4t+\frac{\pi}{6}\right)+0.5\cos(2t)$$

初始状态为 $x(0)=[3.5\quad 0.01\quad -1\quad 0.01\quad 0.05\quad 0]^{\mathrm{T}}$,干扰估计初值 $\hat{d}_1(0)=0.1$, $\hat{d}_2(0)=0.1$,控制器参数为 $\lambda_1=50$, $\lambda_2=20$, $h_1=2$, $h_2=2$, $k=4$。

仿真结果如图3-2至图3-6所示,其中图3-2表示输出轨迹跟踪曲线,图3-3表示飞行器滚转角及其角速度变化曲线。图3-2和图3-3表明VTOL飞行器能够快速、准确地跟踪给定输出参考轨迹,同时保证滚转角及其角速度渐近稳定地收敛到零,本章设计的控制器跟踪效果良好。图3-4和图3-5分别表示自适应I&I干扰估计曲线和传统自适应干扰估计曲线。由图3-4和图3-5可以看出,传统自适应估计器仅能保证估计误差有界,而自适应I&I估计器在估计误差精度和收敛速度方面明显优于传统自适应估计方法,能够有效补偿干扰。图3-6所示为VTOL飞行器控制输入曲线,可以看出控制器响应迅速、稳定收敛。上述结果表明,本章设计的控制器对输入干扰具有鲁棒性和自适应性。

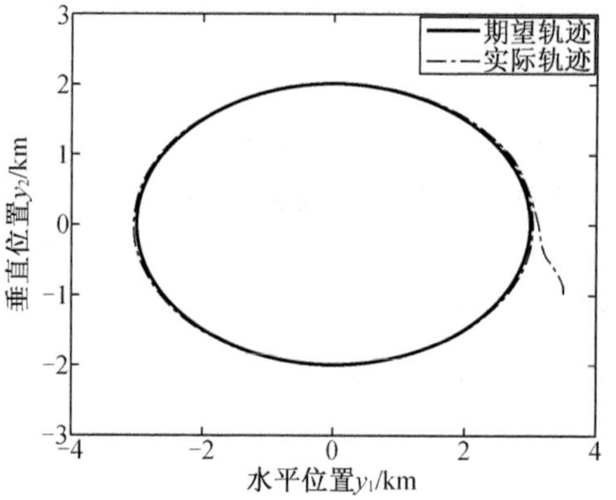

图 3－2　轨迹曲线

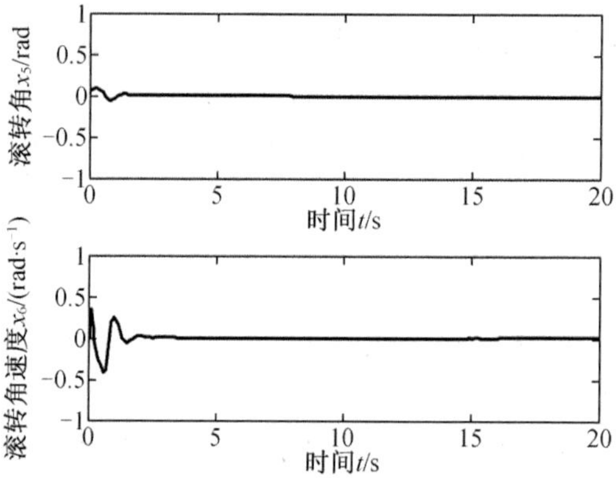

图 3－3　滚转角及滚转角速度变化曲线

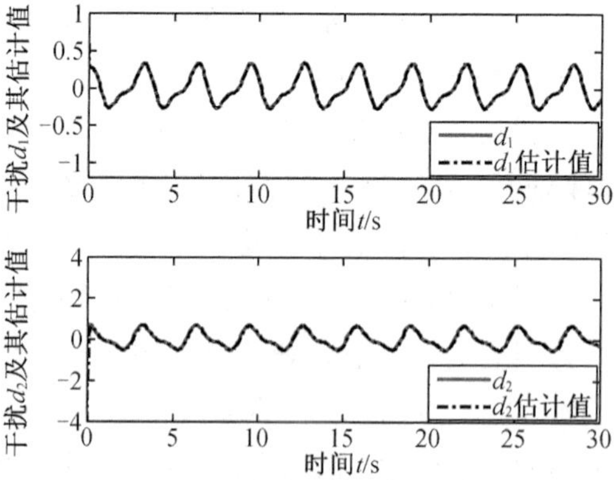

图 3－4　自适应 I&I 干扰估计曲线

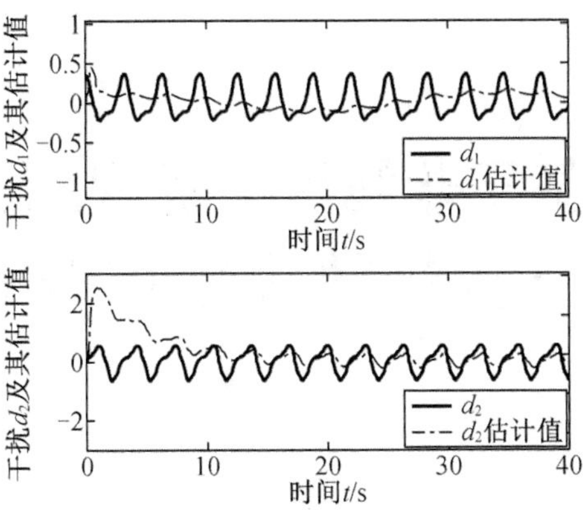

图 3－5　传统自适应干扰估计曲线

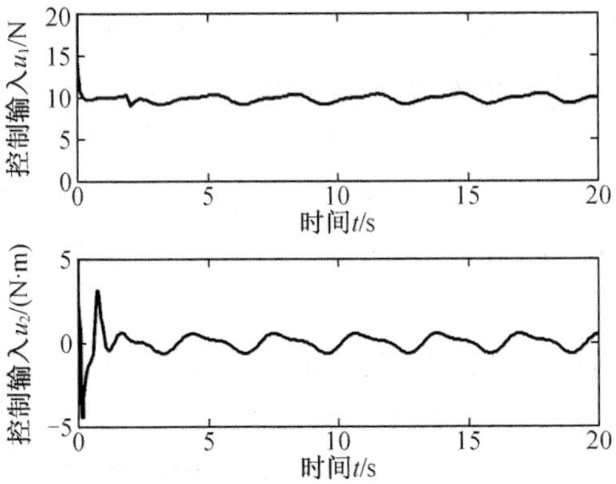

图 3－6　控制输入曲线

3.7　本章小结

对于存在不确定干扰的 VTOL 飞行器的输出跟踪问题，本章提出一种基于自适应 I&I 的控制方案。对于未知输入干扰，采用自适应 I&I 干扰估计律在线估计，并且在控制器中进行补偿。通过选取合适的光滑补偿函数，能够保证干扰估计误差系统指数收敛。将自适应 I&I 控制方法与滑模控制方法相结合设计了自适应 I&I 滑模控制器，利用 Lyapunov 理论分析了闭环系统的渐近稳定性。仿真结果表明该控制器表现出良好的跟踪性能，能够有效抑制输入干扰对系统的影响。因此，本章提出的方法是有效、可行的。

第 4 章　基于非线性干扰观测器的 VTOL 飞行器轨迹跟踪控制

4.1　引　　言

针对输入具有干扰情况下的 VTOL 飞行器轨迹跟踪问题，第 3 章提出了基于自适应浸入与不变的解决方案，利用自适应浸入与不变估计律对输入干扰进行估计，然后在控制器设计中进行补偿，最终实现了对期望轨迹的有效跟踪。本章继续对该问题进行研究，提出了一种基于非线性干扰观测器的控制方案。

非线性干扰观测器技术是解决系统不确定性和外部干扰的一种有效手段，在很多领域得到应用[90-92]。其控制思想为，利用干扰观测器对系统干扰进行在线估计，并在控制律中进行补偿，从而消除干扰对系统的影响，提高控制精度。它具有设计简单、计算量小、鲁棒性强等优点[93-96]。

对于存在输入干扰的 VTOL 飞行器的输出跟踪控制问题，本章提出一种将非线性干扰观测器、最优控制和滑模变结构控制方法相结合的控制策略。采用第 3 章所述解耦方法，将原系统解耦成一个最小相位误差子系统和一个非最小相位子系统。为了克服输入干扰对系统的不利影响，设计了非线性干扰观测器对干扰进行在线估计，通过选择合适的观测器增益函数，保证观测误差系统指数收敛。基于非线性干扰观测器，设计了鲁棒跟踪控制器。利用 Lyapunov 稳定性理论证明了所提控制方案的稳定性。仿真结果表明所提出的方法在输入受扰情况下，能够保证系统输出快速、稳定地跟踪给定参考轨迹。

4.2　预 备 知 识

与第 3 章研究问题相同，针对具有输入干扰的 VTOL 飞行器系统式(3-3)，本章解决的是存在输入干扰的 VTOL 飞行器鲁棒输出跟踪问题。给定飞行器的位置参考轨迹为 $\boldsymbol{Y}_{\mathrm{d}}=(y_{1\mathrm{d}},y_{2\mathrm{d}})$，控制目标为设计控制律 u_1 和 u_2，使得飞行器系统在不确定性输入干扰存在的情况下，输出 $y_1(t)$ 和 $y_2(t)$ 分别渐近跟踪 $y_{1\mathrm{d}}$ 和 $y_{2\mathrm{d}}$，同时保证内部动态 (x_5,x_6) 稳定到 $(0,0)$。

干扰的假设条件与第 3 章相同，采用第 3 章的系统解耦方法，将原系统式(3 -3)解耦成最小相位子系统

$$\begin{aligned}\dot{e}_3&=e_4\\ \dot{e}_4&=v_2+d_2(t)\end{aligned}\tag{4-1}$$

和非最小相位子系统

$$\begin{aligned}\dot{e}_1&=e_2\\ \dot{e}_2&=v_1+d_1(t)\\ \dot{\boldsymbol{\eta}}&=\boldsymbol{\Gamma}(\boldsymbol{\eta},\boldsymbol{e},\ddot{\boldsymbol{Y}}_{\mathrm{d}})\end{aligned}\tag{4-2}$$

因此，原系统式(3 -3)的跟踪问题就转换成跟踪误差子系统式(4 -1)和式(4 -2)的镇定控制问题。进而，我们分别对两个子系统式(4 -1)和式(4 -2)设计控制律。

4.3　非线性干扰观测器设计

由于系统输入存在不确定性干扰，为抑制干扰对系统性能的影响，提高系统控制精度，本节将设计非线性干扰观测器，以实现在线估计输入干扰。

定义辅助变量

$$\begin{aligned}z_1&=\hat{d}_1-p_1(e_1,e_2)\\ z_2&=\hat{d}_2-p_2(e_3,e_4)\end{aligned}$$

式中，$\hat{d}_i$ 为 d_i 的估计值；$p_i(\cdot)$ 为待设计的非线性函数，$i=1,2$。

设计非线性干扰观测器

$$\begin{cases}\hat{d}_1=z_1+p_1(e_1,e_2)\\ \dot{z}_1=-L_1(e_1,e_2)z_1+L_1(e_1,e_2)[-p_1(e_1,e_2)-v_1]\end{cases}\tag{4-3}$$

$$\begin{cases}\hat{d}_2=z_2+p_2(e_3,e_4)\\ \dot{z}_2=-L_2(e_3,e_4)z_2+L_2(e_3,e_4)[-p_2(e_3,e_4)-v_2]\end{cases}\tag{4-4}$$

式中，$L_1(e_1,e_2)$ 和 $L_2(e_3,e_4)$ 为待定非线性观测器增益函数，应满足 $L_1(e_1,e_2)\dot{e}_2=\dfrac{\mathrm{d}p_1(e_1,e_2)}{\mathrm{d}t}$，$L_2(e_3,e_4)\dot{e}_4=\dfrac{\mathrm{d}p_2(e_3,e_4)}{\mathrm{d}t}$。

定义非线性干扰观测器的观测误差为

$$\tilde{d}_1 = d_1 - \hat{d}_1$$

$$\tilde{d}_2 = d_2 - \hat{d}_2$$

假设相对于观测器动态特性，干扰的变化是缓慢的，即$\dot{d}_1 \approx \dot{d}_2 \approx 0$。

观测器误差动态方程为

$$\dot{\tilde{d}}_1 = \dot{d}_1 - \dot{\hat{d}}_1 = -\dot{z}_1 - \dot{p}_1(e_1, e_2) = -L_1(e_1, e_2)\tilde{d}_1 \tag{4-5}$$

同理可得

$$\dot{\tilde{d}}_2 = \dot{d}_2 - \dot{\hat{d}}_2 = -\dot{z}_2 - \dot{p}_2(e_3, e_4) = -L_2(e_3, e_4)\tilde{d}_2 \tag{4-6}$$

定理 4-1　对于观测器误差动态系统式(4-5)和式(4-6)，如果选取合适的非线性增益函数$L_1(e_1, e_2)$和$L_2(e_3, e_4)$，则观测器误差动态系统式(4-5)和式(4-6)是指数稳定的。

证明　对于误差系统式(4-5)，选取 Lyapunov 函数

$$V_1 = \frac{1}{2}\tilde{d}_1^2 \tag{4-7}$$

对上式求导，并代入式(4-5)得

$$\dot{V}_1 = \tilde{d}_1\dot{\tilde{d}}_1 = -L_1(e_1, e_2)\tilde{d}_1^2 \tag{4-8}$$

由式(4-8)可见，通过适当选取增益函数$L_1(e_1, e_2) > 0$，可以使观测误差按指数收敛。因此，这里选取$L_1(e_1, e_2) = k_1$，其中k_1为正常数，设计$p_1(e_1, e_2) = k_1 e_2$，则$\dot{V}_1 = -k_1\tilde{d}_1^2 < 0$，由 Lyapunov 定理可知，观测器误差系统式(4-5)是指数稳定的。

同理，对误差系统式(4-6)，选取 Lyapunov 函数

$$V_2 = \frac{1}{2}\tilde{d}_2^2 \tag{4-9}$$

对上式求导，并代入式(4-6)得

$$\dot{V}_2 = \tilde{d}_2\dot{\tilde{d}}_2 = -L_2(e_3, e_4)\tilde{d}_2^2 \tag{4-10}$$

由式(4-10)可见，通过适当选取增益函数$L_2(e_3, e_4) > 0$，可以使观测误差按指数收敛。因此，选取$L_2(e_3, e_4) = k_2$，其中k_2为正常数，设计$p_2(e_3, e_4) = k_2 e_4$，则$\dot{V}_2 = -k_2\tilde{d}_2^2 < 0$，由 Lyapunov 定理可知，观测器误差系统式(4-6)是指数稳定的。

证毕。

4.4 基于非线性干扰观测器的控制器设计

为实现对给定轨迹的鲁棒跟踪，本节基于干扰观测器，对误差子系统式(4-1)和式(4-2)分别设计了滑模控制器和LQR最优控制器。

对最小相位子系统式(4-1)选择最优控制律

$$v_2 = -l_1 e_3 - l_2 e_4 - \hat{d}_2 \tag{4-11}$$

式中，$\hat{d}_2$ 为式(4-4)定义的干扰估计；$(l_1, l_2) = \boldsymbol{R}^{-1}\boldsymbol{B}^{\mathrm{T}}\boldsymbol{P}$ 为最优反馈增益，其中 $\boldsymbol{P}$ 是 Riccati 方程 $\boldsymbol{PA}+\boldsymbol{A}^{\mathrm{T}}\boldsymbol{P}-\boldsymbol{PBR}^{-1}\boldsymbol{B}^{\mathrm{T}}\boldsymbol{P} = -\boldsymbol{Q}$ 的正定解，$\boldsymbol{A} = \begin{bmatrix} 0 & 1 \\ 0 & 0 \end{bmatrix}$，$\boldsymbol{B} = \begin{bmatrix} 0 \\ 1 \end{bmatrix}$，$\boldsymbol{R}$ 和 $\boldsymbol{Q}$ 为合适维数的正定、对称矩阵。

将控制律式(4-11)代入式(4-1)中，得闭环系统

$$\begin{cases} \dot{e}_3 = e_4 \\ \dot{e}_4 = -l_1 e_3 - l_2 e_4 + \tilde{d}_2 \end{cases} \tag{4-12}$$

由于干扰观测误差 $\tilde{d}_2$ 按指数收敛于零，$(l_1, l_2) = \boldsymbol{R}^{-1}\boldsymbol{B}^{\mathrm{T}}\boldsymbol{P}$ 为最优增益，因此，闭环系统式(4-12)是指数稳定的，即对于任意二阶可导的参考轨迹 $\boldsymbol{Y}_{\mathrm{d}} = (y_{1\mathrm{d}}, y_{2\mathrm{d}})$，在有限时间内有，$y_2 = x_3 \to y_{2\mathrm{d}}$，$\dot{y}_2 = x_4 \to \dot{y}_{2\mathrm{d}}$。

对非最小相位子系统式(4-2)，采用滑模控制方法设计控制律 v_1，令 $\mu_1 = e_2$，$\boldsymbol{\mu}_2 = [e_1 \quad \eta_1 \quad \eta_2]^{\mathrm{T}}$，则有

$$\begin{aligned} \dot{\mu}_1 &= v_1 + d_1(t) \\ \dot{\boldsymbol{\mu}}_2 &= \boldsymbol{p}(\boldsymbol{e}, \boldsymbol{\eta}, \ddot{\boldsymbol{Y}}_{\mathrm{d}}) \end{aligned} \tag{4-13}$$

式中

$$\boldsymbol{p}(\boldsymbol{e},\boldsymbol{\eta},\ddot{\boldsymbol{Y}}_{\mathrm{d}}) = \begin{bmatrix} e_2 \\ \dfrac{1}{\varepsilon}(\eta_2 + e_2\cos\eta_1 + e_4\sin\eta_1) \\ \dfrac{1}{\varepsilon}(\eta_2 + e_2\cos\eta_1 + e_4\sin\eta_1)(e_2\sin\eta_1 - e_4\cos\eta_1) + \ddot{y}_{\mathrm{d1}}\cos\eta_1 + (\ddot{y}_{\mathrm{d2}} + g)\sin\eta_1 \end{bmatrix}$$

将式(4-13)的第二个方程线性化得

$$\dot{\boldsymbol{\mu}}_2 = \boldsymbol{A}_2\boldsymbol{\mu}_2 + \boldsymbol{A}_1\boldsymbol{\mu}_1 + \boldsymbol{o}(\boldsymbol{e}, \boldsymbol{\eta}, \ddot{\boldsymbol{Y}}_{\mathrm{d}}) \tag{4-14}$$

式中

$$\boldsymbol{A}_2 = \left.\frac{\partial \boldsymbol{p}(\boldsymbol{e}, \boldsymbol{\eta}, \ddot{\boldsymbol{Y}}_{\mathrm{d}})}{\partial e_2}\right|_{\mathrm{o}} = \begin{bmatrix} 1 & \dfrac{1}{\varepsilon} & 0 \end{bmatrix}^{\mathrm{T}}$$

$$A_1 = \frac{\partial \boldsymbol{p}(\boldsymbol{e},\boldsymbol{\eta},\ddot{\boldsymbol{Y}}_{\mathrm{d}})}{\partial[e_1 \quad \eta_1 \quad \eta_2]}\bigg|_{\mathrm{o}} = \begin{bmatrix} 0 & 0 & 0 \\ 0 & 0 & \dfrac{1}{\varepsilon} \\ 0 & g & 0 \end{bmatrix}$$

$\boldsymbol{o}(\boldsymbol{e},\boldsymbol{\eta},\ddot{\boldsymbol{Y}}_{\mathrm{d}}) = \boldsymbol{p}(\boldsymbol{e},\boldsymbol{\eta},\ddot{\boldsymbol{Y}}_{\mathrm{d}}) - \boldsymbol{A}_2\boldsymbol{\mu}_2 - \boldsymbol{A}_1\mu_1$ 为高阶项，显而易见，$(\boldsymbol{A}_2,\boldsymbol{A}_1)$ 完全能控。

对系统式(4－13)定义滑模函数为

$$s = \mu_1 - \boldsymbol{M}\boldsymbol{\mu}_2 \tag{4-15}$$

选取 $\boldsymbol{M} = [m_1 \quad m_2 \quad m_3]^{\mathrm{T}}$，使 $\boldsymbol{A}_2 + \boldsymbol{A}_1\boldsymbol{M}$ 为 Hurwitz 的。

设计滑模控制律 v_1 为

$$v_1 = \boldsymbol{M}\boldsymbol{p} - \hat{d}_1 - h\mathrm{sign}(s) \tag{4-16}$$

式中，$h>0$。

定义 Lyapunov 函数

$$V = \frac{1}{2}s^2 \tag{4-17}$$

则有

$$\dot{V} = s\dot{s} = s(\dot{\mu}_1 - \boldsymbol{M}\dot{\boldsymbol{\mu}}_2) = -\tilde{d}_1 s - h|s|$$

由于 $\tilde{d}_1$ 按指数形式收敛于零，则 $\dot{V}<0$，存在有限时间 t_{s1}，当 $t \geqslant t_{\mathrm{s1}}$ 时，有 $s = \mu_1 - \boldsymbol{M}\boldsymbol{\mu}_2 = 0$。因此，对于 $t \geqslant t_{\mathrm{s1}}$，有

$$\dot{\boldsymbol{\mu}}_2 = \boldsymbol{A}_2\boldsymbol{\mu}_2 + \boldsymbol{A}_1\mu_1 + \boldsymbol{o}(\boldsymbol{e},\boldsymbol{\eta},\ddot{\boldsymbol{Y}}_{\mathrm{d}}) = (\boldsymbol{A}_2 + \boldsymbol{A}_1\boldsymbol{M})\boldsymbol{\mu}_2 + \boldsymbol{o}(\boldsymbol{e},\boldsymbol{\eta},\ddot{\boldsymbol{Y}}_{\mathrm{d}}) \tag{4-18}$$

由于 $\boldsymbol{o}(\boldsymbol{e},\boldsymbol{\eta},\ddot{\boldsymbol{Y}}_{\mathrm{d}})$ 为高阶项且 $\boldsymbol{A}_2 + \boldsymbol{A}_1\boldsymbol{M}$ 为 Hurwitz 的，则非最小相位闭环系统式(4－18)是指数稳定的。因此有 $\lim\limits_{t\to\infty} e_1 = 0$，$\lim\limits_{t\to\infty} \eta_1 = 0$，$\lim\limits_{t\to\infty} \eta_2 = 0$。又由 $s = 0$，得 $\lim\limits_{t\to\infty} e_2 = 0$。因此，$y_1 = x_1 \to y_{1\mathrm{d}}$，$\dot{y}_1 = x_2 \to \dot{y}_{1\mathrm{d}}$，$\lim\limits_{t\to\infty} \eta_1 = 0$，$\lim\limits_{t\to\infty} \eta_2 = 0$。由式(2－11)，得 $\lim\limits_{t\to\infty} x_5 = 0$，$\lim\limits_{t\to\infty} x_6 = 0$，即系统内部动态稳定。

下面我们以定理形式给出本章的主要成果。

定理 4－2 对于 VTOL 飞行器系统式(3－1)，如果采用由式(3－4)、式(4－3)、式(4－4)、式(4－11)和式(4－16)组成的控制器，则闭环系统的跟踪误差渐近稳定且系统内部动态稳定，即 $y_1 = x_1 \to y_{1\mathrm{d}}$，$\dot{y}_1 = x_2 \to \dot{y}_{1\mathrm{d}}$，$y_2 = x_3 \to y_{2\mathrm{d}}$，$\dot{y}_2 = x_4 \to \dot{y}_{2\mathrm{d}}$，$\lim\limits_{t\to\infty} x_5 = 0$，$\lim\limits_{t\to\infty} x_6 = 0$。

4.5 仿真研究

为验证本章所提控制器在输入存在干扰下的跟踪能力，在 MATLAB/Simulink 环境下进行了 VTOL 飞行器仿真实验。设定期望轨迹为 $y_{d1}=\cos(0.2t)$，$y_{d2}=\sin(0.2t)$，模型参数为 $\varepsilon=0.5$，初始状态为选定为

$$x(0)=[1.4\quad 0.01\quad -0.5\quad 0.01\quad 0.05\quad 0]^{\mathrm{T}}$$

不确定性输入干扰 $\xi_1(t)$ 和 $\xi_2(t)$ 为

$$\xi_1(t)=0.5\sin(2t)+0.2\cos\left(4t+\frac{\pi}{3}\right)$$

$$\xi_2(t)=0.2\sin\left(4t+\frac{\pi}{3}\right)+0.5\cos(2t)$$

控制器参数为 $k_1=50$，$k_2=20$，$h=2$，$l_1=1.4142$，$l_2=2.1974$，$Q=\mathrm{diag}(100,100)$，$R=50$。

首先，给出本章方法的仿真结果图，如图 4－1 至图 4－5 所示。图 4－1 表示输出轨迹跟踪曲线。图 4－2 为飞行器滚转角及其角速度变化曲线。图 4－1 和图 4－2 表明，VTOL 飞行器能够快速、准确地跟踪给定输出参考轨迹，同时保证滚转角及其角速度渐近、稳定地收敛到零，本章设计的控制器跟踪效果良好。图 4－3 为 VTOL 飞行器水平位置与垂直位置跟踪曲线，可以看出飞行器在 3 s 内迅速跟踪上期望轨迹。图 4－4 为 VTOL 飞行器控制输入曲线，由图 4－4 可以看出控制器响应迅速、稳定收敛。图 4－5 为干扰观测器估计曲线，可以看出干扰估计速度快且精度高，这充分说明了所设计的干扰观测器的有效性。由仿真结果可以看出，本章设计的控制器能够在输入存在干扰时完成轨迹跟踪，并且对干扰的变化具有鲁棒性。

为了充分验证本章控制方法的控制性能，下面将本章方法与文献[24]控制方法进行比较，该方法跟踪的期望轨迹与本章仿真相同，也是圆形轨迹。轨迹为 $y_{d1}=\cos(0.2t)$，$y_{d2}=\sin(0.2t)$；初始状态为 $\boldsymbol{x}(0)=[1.4\quad 0.01\quad -0.5\quad 0.01\quad 0.05\quad 0]^{\mathrm{T}}$；模型参数为 $\varepsilon=0.5$；控制器参数为 $p_{12}=m_{12}=1.2247$，$p_{22}=m_{22}=2.3344$，$k=91$，$c=42$。

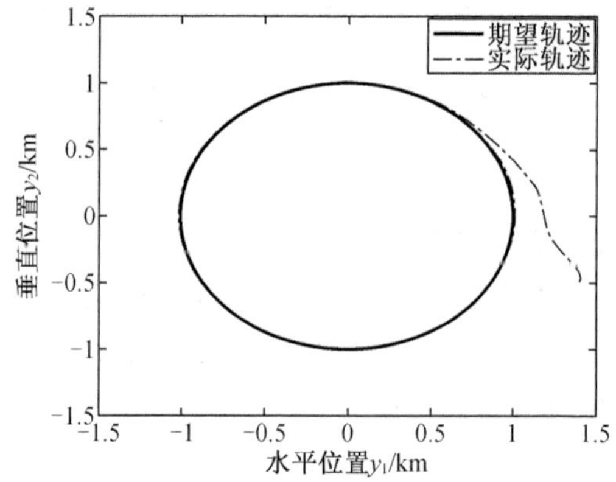

图 4-1　输出轨迹跟踪曲线

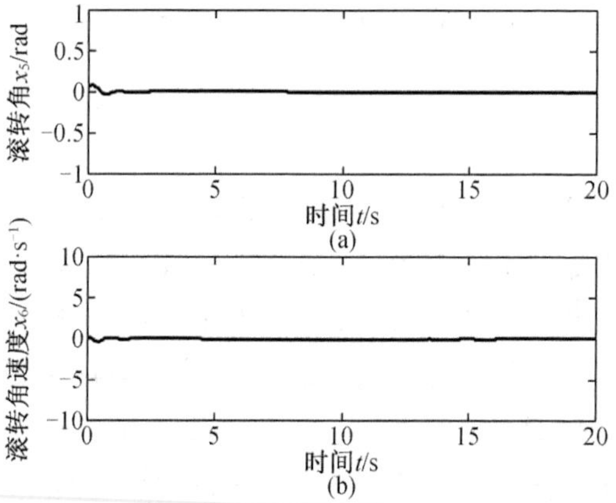

图 4-2　飞行器滚转角及其速度变化曲线

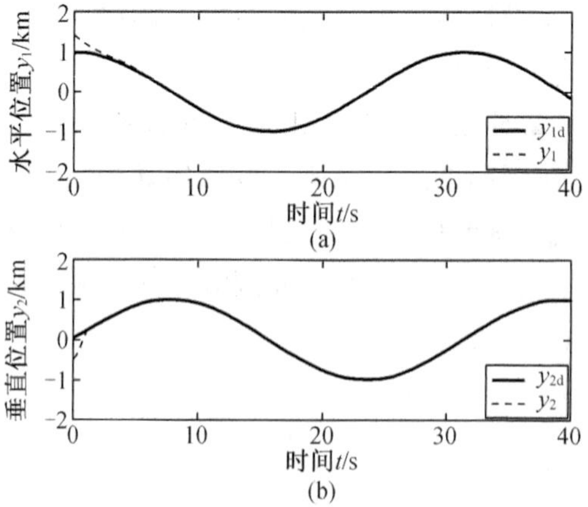

图 4-3　VTOL 飞行器水平位置与垂直位置跟踪曲线

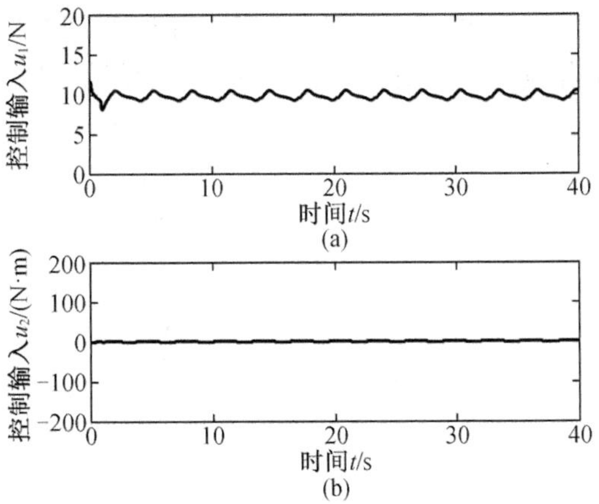

图 4 -4　VTOL 飞行器控制输入曲线

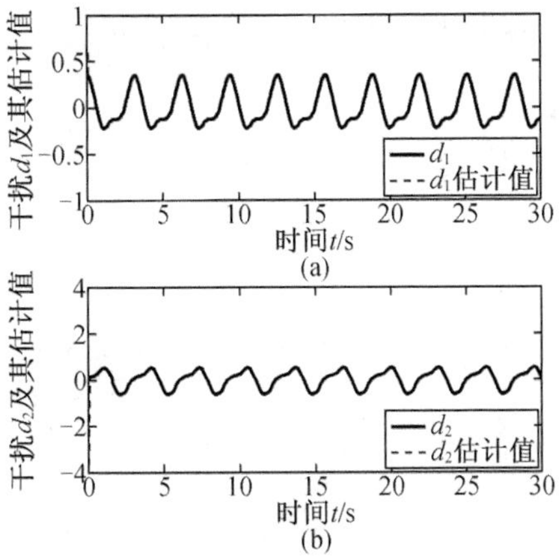

图 4 -5　干扰观测器估计曲线

文献[24]控制方法仿真结果如图 4 -6 和图 4 -7 所示。图 4 -6 为 VTOL 飞行器轨迹跟踪曲线,可以明显看出文献[24]控制器能够完成对给定期望轨迹的跟踪,而由本章方法的仿真图 4 -1 可以看出,本章方法可以实现对给定期望轨迹的无偏差跟踪,由于文献[24]是在未考虑输入受到干扰情况下进行的,而本章方法是在输入受到干扰情况下进行的,所以本章控制器对输入干扰具有抑制能力,在干扰抑制方面表现更好。图 4 -7 为 VTOL 飞行器位置跟踪曲线,从中可以看出,VTOL 飞行器在水平方向和垂直方向的位置都能迅速跟踪上期望轨迹,且稳态误差为零。由本章方法的仿真图 4 -3 可见,本方法在 3 s 内实现了对期望位置的无偏差跟踪,跟踪速度和跟踪精度与文献[24]相同,但是本章控制器是在输入受到干扰情况下进行的,所以控制器在抗干扰能力方面表现更好。上述比较结果充分说明,本章控制器在跟踪速度和跟踪精度方面与文献[24]中控制器效果相同,但是在抗干扰能力方面明显优于后者。

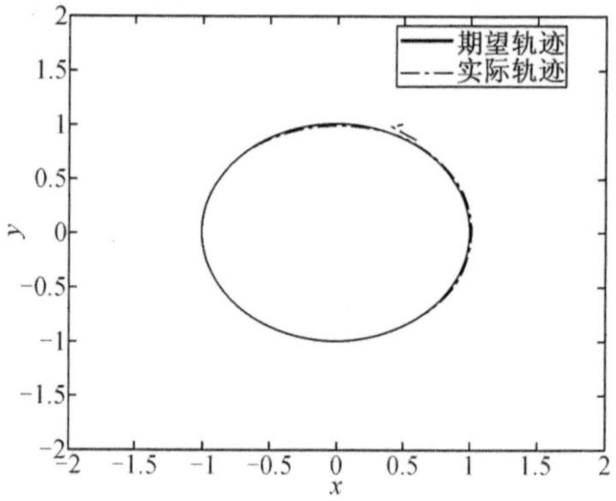

图 4-6 VTOL 飞行器轨迹跟踪曲线

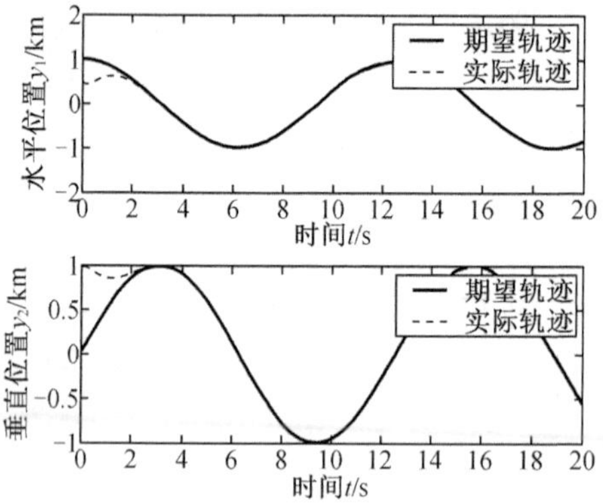

图 4-7 VTOL 飞行器位置跟踪曲线

4.6 本章小结

对于存在不确定干扰的 VTOL 飞行器的输出跟踪问题,本章提出一种基于非线性干扰观测器的控制方案。对于输入干扰,采用非线性干扰观测器进行估计。通过选取合适的增益函数,能够保证干扰观测误差指数收敛。基于非线性干扰观测器、滑模控制和最优控制方法,设计了跟踪控制器,利用 Lyapunov 理论证明了闭环系统的渐近稳定性。仿真结果表明该控制器表现出良好的跟踪性能,能够有效抑制输入干扰对系统的影响。因此,本方法是有效可行的。

第5章　基于分层滑模控制的VTOL飞行器轨迹跟踪控制

5.1　引　　言

第3章和第4章分别采用自适应浸入与不变控制和非线性干扰观测器方法对VTOL飞行器的跟踪控制问题进行了研究,提出了相应轨迹跟踪控制方案,本章进一步考虑采用分层滑模控制方法开展研究。

文献[97]基于无源性理论来镇定不稳定的内部动态,提出了VTOL飞行器镇定控制方案,实现了系统全局镇定控制。针对VTOL飞行器镇定控制问题,文献[98]提出了鲁棒最优控制方案。考虑系统输入有界问题,文献[99]提出了基于饱和函数法控制方案,实现了飞行器系统全局镇定。文献[100]提出了基于预测控制的非线性控制器,解决了飞行器系统的镇定问题。文献[101]在考虑耦合存在的前提下,采用微分进化法设计了飞行器渐近稳定跟踪参考轨迹的控制器。考虑系统存在输入耦合和不确定干扰情况,文献[102]提出一种VTOL飞行器输出反馈跟踪控制方法,实现了飞行器系统轨迹跟踪任务。

目前,VTOL飞行器的跟踪问题是控制领域的研究热点。作为一种鲁棒性强的变结构控制方法,滑模控制具有响应迅速、对系统参数变化和外界扰动不敏感、无须系统在线辨识、物理实现简单等优点,因此可以用来对VTOL飞行器控制器进行设计。

本章对VTOL飞行器输入存在强耦合时的轨迹跟踪问题进行了研究,提出了一种基于分层滑模控制的方案,该方案能够实现飞行器在输入强耦合情况下对期望轨迹的有效跟踪。首先对VTOL飞行器系统进行解耦,将系统解耦成两个子系统。对于解耦后系统,采用分层滑模控制方法设计了滑模控制器,该控制器对参数摄动及外界干扰等不确定性具有鲁棒性。利用Lyapunov稳定性理论和Barbalat引理详细证明了各个滑模面的渐近稳定性和误差系统的全局渐近稳定性。最后给出的仿真结果验证了控制策略的有效性。

5.2 预备知识

根据式(2 5),VTOL飞行器动力学模型为

$$
\begin{cases}
\dot{x}_1 = x_2 \\
\dot{x}_2 = -u_1\sin\theta + \varepsilon u_2\cos\theta \\
\dot{y}_1 = y_2 \\
\dot{y}_2 = u_1\cos\theta + \varepsilon u_2\sin\theta - g \\
\dot{\boldsymbol{\theta}} = \boldsymbol{\omega} \\
\dot{\omega} = u_2
\end{cases}
\tag{5-1}
$$

式中,(x_1, y_1)为VTOL飞行器质心的位置坐标,$\boldsymbol{\theta}$为滚转角;u_1和u_2为飞行器底部推动控制输入和滚动控制输入;g为重力加速度;ε为描述滚动控制输入和横向加速度关系的系数。考虑系统输出为$\boldsymbol{y}(t) = [x_1 \quad y_1 \quad \theta]^{\mathrm{T}}$。

令$z = [z_1 \quad z_2 \quad z_3 \quad z_4]^{\mathrm{T}}$为系统的状态变量,$z_1 = [x_1 \quad y_1]^{\mathrm{T}}$,$z_2 = [x_2 \quad y_2]^{\mathrm{T}}$,$z_3 = \boldsymbol{\theta}$,$z_4 = \boldsymbol{\omega}$,$\boldsymbol{f}_1 = [0 \quad -g]^{\mathrm{T}}$,$\boldsymbol{f}_2 = \boldsymbol{0}$,$\boldsymbol{b}_1(z) = \begin{bmatrix} -\sin z_3 & \varepsilon\cos z_3 \\ \cos z_3 & \varepsilon\sin z_3 \end{bmatrix}$,$\boldsymbol{b}_2(z) = [0 \quad 1]$,$\boldsymbol{h} = [u_1 \quad u_2]^{\mathrm{T}}$为系统控制输入。系统式(5-1)变成如下形式:

$$
\begin{cases}
\dot{z}_1 = z_2 \\
\dot{z}_2 = \boldsymbol{f}_1 + \boldsymbol{b}_1(z)\boldsymbol{h} \\
\dot{z}_3 = z_4 \\
\dot{z}_4 = \boldsymbol{f}_2 + \boldsymbol{b}_2(z)\boldsymbol{h}
\end{cases}
\tag{5-2}
$$

将系统式(5-2)分解成两个子系统:

$$
\text{子系统 1} \quad
\begin{cases}
\dot{z}_1 = z_2 \\
\dot{z}_2 = \boldsymbol{f}_1 + \boldsymbol{b}_1(z)\boldsymbol{h}
\end{cases}
\tag{5-3}
$$

$$
\text{子系统 2} \quad
\begin{cases}
\dot{z}_3 = z_4 \\
\dot{z}_4 = \boldsymbol{f}_2 + \boldsymbol{b}_2(z)\boldsymbol{h}
\end{cases}
\tag{5-4}
$$

5.3　分层滑模控制器设计

本章解决的是欠驱动系统的输出跟踪问题,VTOL 飞行器模型有 3 个输出、2 个输入,定义飞行器的横、纵坐标的期望轨迹指令为 x_{1d}和 y_{1d};控制目标为,使系统式(5 -1)的 x_1 和 y_1 跟踪指令信号 x_{1d}和 y_{1d},滚转角 θ 镇定为零。通过对系统式(5 -2)进行控制器设计,以实现控制目标。

定义 $\boldsymbol{z}_1$、$\boldsymbol{z}_2$、$\boldsymbol{z}_3$、$\boldsymbol{z}_4$ 的跟踪指令信号分别为 $\boldsymbol{z}_{1d}$、$\boldsymbol{z}_{2d}$、$\boldsymbol{z}_{3d}$、$\boldsymbol{z}_{4d}$,跟踪误差为 $\boldsymbol{e}_1 = \boldsymbol{z}_1 - \boldsymbol{z}_{1d}$,$\boldsymbol{e}_2 = \boldsymbol{z}_2 - \boldsymbol{z}_{2d}$,$\boldsymbol{e}_3 = \boldsymbol{z}_3 - \boldsymbol{z}_{3d}$,$\boldsymbol{e}_4 = \boldsymbol{z}_4 - \boldsymbol{z}_{4d}$,则有 $\dot{\boldsymbol{e}}_1 = \boldsymbol{e}_2$,$\dot{\boldsymbol{e}}_3 = \boldsymbol{e}_4$。对于给定的指令信号 $\boldsymbol{z}_{1d}$、$\boldsymbol{z}_{2d}$、$\boldsymbol{z}_{3d}$、$\boldsymbol{z}_{4d}$,通过设计合适的控制律 $\boldsymbol{h}$ 使得 $\boldsymbol{e}_1 \to 0$,$\boldsymbol{e}_2 \to 0$,$\boldsymbol{e}_3 \to 0$,$\boldsymbol{e}_4 \to 0$,即系统能够完成跟踪任务。

对两个子系统分别定义滑模面:

$$\begin{cases} \boldsymbol{s}_1 = c_1 \boldsymbol{e}_1 + \boldsymbol{e}_2 \\ \boldsymbol{s}_2 = c_2 \boldsymbol{e}_3 + \boldsymbol{e}_4 \end{cases} \tag{5-5}$$

式中,$c_1 > 0$,$c_2 > 0$。

构造系统的总滑模面为

$$\boldsymbol{S} = c_2 (\boldsymbol{e}_3 - \boldsymbol{z}) + \boldsymbol{e}_4 \tag{5-6}$$

这里 $\boldsymbol{z}$ 为中间变量,是 $\boldsymbol{s}_1$ 的函数,定义为

$$\boldsymbol{z} = \frac{2z_u}{\pi} \begin{bmatrix} \arctan s_{11} \\ \arctan s_{12} \end{bmatrix} \tag{5-7}$$

式中,$\boldsymbol{s}_1 = [s_{11} \quad s_{12}]^{\mathrm{T}}$,$\|\boldsymbol{z}\|_\infty < z_u$,且 $0 < z_u < 1$。

由式(5 -7)可得

$$\dot{\boldsymbol{z}} = \beta(\boldsymbol{s}_1, z_u) \dot{\boldsymbol{s}}_1 \tag{5-8}$$

式中

$$\beta(\boldsymbol{s}_1, z_u) = \frac{2z_u}{\pi} \begin{bmatrix} \dfrac{1}{1 + s_{11}^2} & 0 \\ 0 & \dfrac{1}{1 + s_{12}^2} \end{bmatrix}$$

由式(5 -6)和式(5 -8)可得

$$\begin{aligned} \dot{\boldsymbol{S}} &= c_2 (\dot{\boldsymbol{e}}_3 - \dot{\boldsymbol{z}}) + \dot{\boldsymbol{e}}_4 \\ &= c_2 (\boldsymbol{z}_4 - \dot{\boldsymbol{z}}_{3d}) - c_2 \beta [c_1 (\boldsymbol{z}_2 - \dot{\boldsymbol{z}}_{1d}) + \boldsymbol{f}_1 - \dot{\boldsymbol{z}}_{2d}] + (\boldsymbol{b}_2 - c_2 \beta \boldsymbol{b}_1) \boldsymbol{h} + \boldsymbol{f}_2 - \dot{\boldsymbol{z}}_{4d} \end{aligned} \tag{5-9}$$

采用等效控制法,求得系统在滑模面上等效控制项为

$$\boldsymbol{u}_{\mathrm{eq}}=(\boldsymbol{b}_2-c_2\beta\boldsymbol{b}_1)^{-1}\{c_2\beta[c_1(\boldsymbol{z}_2-\dot{\boldsymbol{z}}_{1\mathrm{d}})+\boldsymbol{f}-\dot{\boldsymbol{z}}_{2\mathrm{d}}]-c_2(\boldsymbol{z}_4-\dot{\boldsymbol{z}}_{3\mathrm{d}})-\boldsymbol{f}+\dot{\boldsymbol{z}}_{4\mathrm{d}}\} \tag{5-10}$$

为保证系统的稳定性,采用 Lyapunov 方法设计切换控制项为

$$\boldsymbol{u}_{\mathrm{sw}}=-(\boldsymbol{b}_2-c_2\beta\boldsymbol{b}_1)^{-1}[\eta\mathrm{sign}(S)+\lambda S] \tag{5-11}$$

式中,$\eta>d_{1\mathrm{M}}+d_{2\mathrm{M}}>0$,$\lambda>0$。

因此,系统总的控制输入为

$$\boldsymbol{h}=\boldsymbol{u}_{\mathrm{eq}}+\boldsymbol{u}_{\mathrm{sw}} \tag{5-12}$$

5.4 稳定性分析

本节利用 Lyapunov 稳定性定理、Barbalat 引理分别证明了各个滑模面的稳定性及误差子系统的渐近稳定性。

Barbalat 引理[103] 如果 $x(t)\in L_2$,且 $\dot{x}(t)\in L_\infty$,那么 $\lim\limits_{t\to\infty}x(t)=0$。

为了便于后续证明,先给出总滑模面的稳定性证明。

定理 5-1 对于系统式(5-2),按式(5-5)和式(5-6)构造系统的滑模面,采用控制律式(5-12),则系统的总滑模面 $\boldsymbol{S}$ 是渐近稳定的。

证明 取 Lyapunov 函数为 $V=\dfrac{1}{2}\boldsymbol{S}^{\mathrm{T}}\boldsymbol{S}$,则

$$\begin{aligned}\dot{V}&=\boldsymbol{S}^{\mathrm{T}}\dot{\boldsymbol{S}}\\&=\boldsymbol{S}^{\mathrm{T}}[(\boldsymbol{b}_2-c_2\beta\boldsymbol{b}_1)\boldsymbol{u}_{\mathrm{sw}}]\\&=\boldsymbol{S}^{\mathrm{T}}[-\eta\mathrm{sign}(\boldsymbol{S})-\lambda\boldsymbol{S}]\\&=-\eta\|\boldsymbol{S}\|_1-\lambda\|\boldsymbol{S}\|_2^2\leqslant 0\end{aligned} \tag{5-13}$$

对上式两侧同时积分得

$$V(t)-V(0)=\int_0^t(-\eta\|\boldsymbol{S}\|_1-\lambda\|\boldsymbol{S}\|_2^2)\mathrm{d}\sigma\leqslant 0 \tag{5-14}$$

$$V=\frac{1}{2}\boldsymbol{S}^{\mathrm{T}}\boldsymbol{S}\leqslant V(0)<\infty \tag{5-15}$$

$$\lim_{t\to\infty}\int_0^t(\eta\|\boldsymbol{S}\|_1-\lambda\|\boldsymbol{S}\|_2^2)\mathrm{d}\sigma\leqslant V(0)<\infty \tag{5-16}$$

由式(5-15)可得,$\boldsymbol{S}\in L_\infty$,同时由式(5-13)可知,$\dot{V}<\infty$,因此有 $\dot{\boldsymbol{S}}\in L_\infty$,再由式(5-16)得,$\boldsymbol{S}\in L_2$,根据 Barbalat 引理有,$\lim\limits_{t\to\infty}\boldsymbol{S}=0$,即整个系统的滑模面 $\boldsymbol{S}$ 是渐近稳定的。

接下来，我们给出子系统滑模面的稳定性证明。

定理 5－2　对于系统式(5－2)，按式(5－5)和式(5－6)构造系统的滑模面，采用控制律式(5－12)，则两个子系统的滑模面 $\boldsymbol{s}_1$ 和 $\boldsymbol{s}_2$ 是渐近稳定的。

证明　定义中间变量

$$\tilde{z} = \frac{2c_2}{\pi}\begin{bmatrix} \arctan s_{11} \\ \arctan s_{12} \end{bmatrix} \tag{5-17}$$

则 $\|\tilde{z}\|_\infty < c_2 < \infty$，从而 $\tilde{z} \in L_\infty$。

由式(5－5)、式(5－6)和式(5－17)，系统滑模面可表示为

$$\dot{\boldsymbol{S}} = \dot{\boldsymbol{s}}_2 - z_{\mathrm{u}}\tilde{\boldsymbol{z}} \tag{5-18}$$

进而有

$$\dot{\boldsymbol{S}} = \dot{\boldsymbol{s}}_2 - z_{\mathrm{u}}\dot{\tilde{\boldsymbol{z}}} \tag{5-19}$$

$$\dot{\boldsymbol{s}}_2 = c_2\dot{\boldsymbol{e}}_3 + \dot{\boldsymbol{e}}_4 = c_2(\boldsymbol{z}_4 - \dot{\boldsymbol{z}}_{3\mathrm{d}}) + \boldsymbol{f}_2 + \boldsymbol{b}_2\boldsymbol{h} - \dot{\boldsymbol{z}}_{4\mathrm{d}} \tag{5-20}$$

由于式(5－20)右边各项都是有界的，因此 $\dot{\boldsymbol{s}}_2$ 也是有界的，即 $\dot{\boldsymbol{s}}_2 \in L_\infty$，同时定理 5－1 已证明 $\dot{\boldsymbol{S}} \in L_\infty$，由式(5－19)可知 $\dot{\tilde{z}} \in L_\infty$。

因为 z_{u} 的大小并不影响整个系统的稳定性，所以可以构造两个不同的系统滑模面 $\boldsymbol{S}_1$ 和 $\boldsymbol{S}_2$：

$$\boldsymbol{S}_1 = \boldsymbol{s}_2 - z_{\mathrm{u1}}\tilde{\boldsymbol{z}} \tag{5-21}$$

$$\boldsymbol{S}_2 = \boldsymbol{s}_2 - z_{\mathrm{u2}}\tilde{\boldsymbol{z}} \tag{5-22}$$

式中，z_{u1} 和 z_{u2} 为任意小于 1 且不相等的正常数，所以 $\boldsymbol{S}_1 \neq \boldsymbol{S}_2$。不失一般性，进一步假设

$$0 \leqslant \lim_{t\to\infty}\int_0^t \boldsymbol{S}_2^{\mathrm{T}}\boldsymbol{S}_2\,\mathrm{d}\sigma < \lim_{t\to\infty}\int_0^t \boldsymbol{S}_1^{\mathrm{T}}\boldsymbol{S}_1\,\mathrm{d}\sigma < \infty \tag{5-23}$$

$$\begin{aligned}\lim_{t\to\infty}\int_0^t (\boldsymbol{S}_1^{\mathrm{T}}\boldsymbol{S}_1 - \boldsymbol{S}_2^{\mathrm{T}}\boldsymbol{S}_2)\,\mathrm{d}\sigma &= \lim_{t\to\infty}\int_0^t [(z_{\mathrm{u1}}^2 - z_{\mathrm{u2}}^2)\|\tilde{\boldsymbol{z}}\|_2^2 + 2(z_{\mathrm{u2}} - z_{\mathrm{u1}})\tilde{\boldsymbol{z}}^{\mathrm{T}}\boldsymbol{s}_2]\,\mathrm{d}\sigma \\ &= \lim_{t\to\infty}\int_0^t 2(z_{\mathrm{u2}} - z_{\mathrm{u1}})\tilde{\boldsymbol{z}}^{\mathrm{T}}\boldsymbol{S}_1\,\mathrm{d}\sigma - \lim_{t\to\infty}\int_0^t (z_{\mathrm{u2}} - z_{\mathrm{u1}})^2\|\tilde{\boldsymbol{z}}\|_2^2\,\mathrm{d}\sigma \\ &> 0\end{aligned} \tag{5-24}$$

由式(5－16)得，$\boldsymbol{S} \in L_1$，从而有

$$\begin{aligned}\lim_{t\to\infty}\int_0^t \|\tilde{\boldsymbol{z}}\|_2^2\,\mathrm{d}\sigma &< \lim_{t\to\infty}\int_0^t \frac{2\,\tilde{\boldsymbol{z}}^{\mathrm{T}}\boldsymbol{S}_1}{z_{\mathrm{u2}} - z_{\mathrm{u1}}}\,\mathrm{d}\sigma \\ &\leqslant \frac{2}{|z_{\mathrm{u2}} - z_{\mathrm{u1}}|}\lim_{t\to\infty}\int_0^t \|\tilde{\boldsymbol{z}}\|_2^{\mathrm{T}}\|\boldsymbol{S}_1\|_2\,\mathrm{d}\sigma \\ &= \frac{2}{|z_{\mathrm{u2}} - z_{\mathrm{u1}}|}\|\tilde{\boldsymbol{z}}\|_2^{\mathrm{T}}\|\boldsymbol{S}_1\|_2 < \infty\end{aligned} \tag{5-25}$$

因此 $\hat{z}\in L_2$，又由 $\hat{z}\in L_\infty$，$\dot{\hat{z}}\in L_\infty$，根据 Barbalat 引理有，$\lim\limits_{t\to\infty}\hat{z}=0$，进而由式(5－17)得 $\lim\limits_{t\to\infty}\boldsymbol{s}_1=0$。由于 $\lim\limits_{t\to\infty}\boldsymbol{S}=0$，并且 $\lim\limits_{t\to\infty}\hat{z}=0$，从而由式(5－18)可得 $\lim\limits_{t\to\infty}\boldsymbol{s}_2=0$，即两个子系统滑模面 $\boldsymbol{s}_1$ 和 $\boldsymbol{s}_2$ 都是渐近稳定的。

由定理 5－2 可知，当两个子系统滑模面渐近稳定时，$\lim\limits_{t\to\infty}\boldsymbol{s}_1=0$，$\lim\limits_{t\to\infty}\boldsymbol{s}_2=0$，从而 $\boldsymbol{e}_2=-c_1\boldsymbol{e}_1$，$\boldsymbol{e}_4=-c_2\boldsymbol{e}_3$；又由 $\dot{\boldsymbol{e}}_1=\boldsymbol{e}_2$，$\dot{\boldsymbol{e}}_3=\boldsymbol{e}_4$，得到两个误差子系统

$$\dot{\boldsymbol{e}}_1=-c_1\boldsymbol{e}_1 \tag{5－26}$$

$$\dot{\boldsymbol{e}}_3=-c_2\boldsymbol{e}_3 \tag{5－27}$$

由于 $c_1>0$，$c_2>0$，则两个误差子系统的原点是渐近稳定的，即 $\lim\limits_{t\to\infty}\boldsymbol{e}_1=0$，$\lim\limits_{t\to\infty}\boldsymbol{e}_3=0$。通过子滑模面渐近稳定性可得，$\lim\limits_{t\to\infty}\boldsymbol{e}_2=0$，$\lim\limits_{t\to\infty}\boldsymbol{e}_4=0$，从而 $x_1\to x_{1\mathrm{d}}$，$y_1\to y_{1\mathrm{d}}$，$\dot{x}_1\to\dot{x}_{1\mathrm{d}}$，$\dot{y}_1\to\dot{y}_{1\mathrm{d}}$，$\theta_1\to\theta_{1\mathrm{d}}$，系统完成跟踪任务。

5.5 仿真研究

为验证本章所设计控制器的有效性，采用 MATLAB/Simulink 工具进行了仿真实验。对 VTOL 飞行器的起飞过程进行仿真，期望飞行器在滚转角为零的条件下垂直升空。针对被控对象式(5－1)，设输入耦合系数 $\varepsilon=10$，$g=9.8\ \mathrm{m\cdot s^{-2}}$。跟踪指令设定为 $x_\mathrm{d}=t$，$y_\mathrm{d}=\sin t$。期望镇定滚动角 $\theta_\mathrm{d}=0$。被控对象初始状态取为

$$\boldsymbol{x}_0=[0.2\quad 0\quad 0.2\quad 0\quad 0.1\quad 0]$$

采用控制器式(5－12)，控制参数分别取为 $c_1=0.7$，$c_2=1.5$，$\eta=0.1$，$\lambda=2.0$，$z_\mathrm{u}=1.0$。

为了降低抖振，采用饱和函数代替符号函数。

首先，给出本章控制方法的仿真结果，如图 5－1 至图 5－7 所示。图 5－1 为 VTOL 飞行器水平位置跟踪曲线，由图可见飞行器在 12 s 内渐近跟踪上给定轨迹，且稳态误差为零。图 5－2 为 VTOL 飞行器垂直位置跟踪曲线，可以看出经过 8 s 时间飞行器跟踪上给定轨迹，同时稳态误差为零。图 5－3 为 VTOL 飞行器水平速度跟踪曲线，可以看出在 12 s 内飞行器无静差跟踪上给定轨迹。图 5－4 为 VTOL 飞行器垂直速度跟踪曲线，可以看出在 8 s 内飞行器无静差跟踪上给定轨迹。图 5－5 为 VTOL 飞行器滚转角变化曲线，可以看出滚转角快速收敛，最终稳定到零。图 5－6 和图 5－7 为控制输入曲线，可以看出控制器快速、平稳地渐近收敛，控制效果很好。以上仿真结果验证了本章所提出的控制方法有效性及前面给出的稳定性分析的正确性。

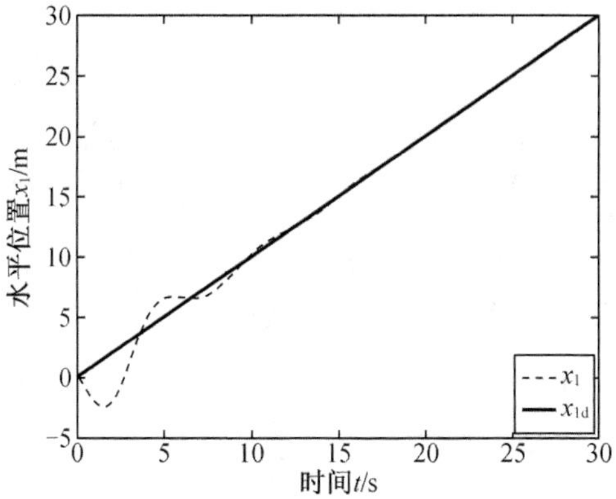

图 5-1　VTOL 飞行器水平位置跟踪曲线

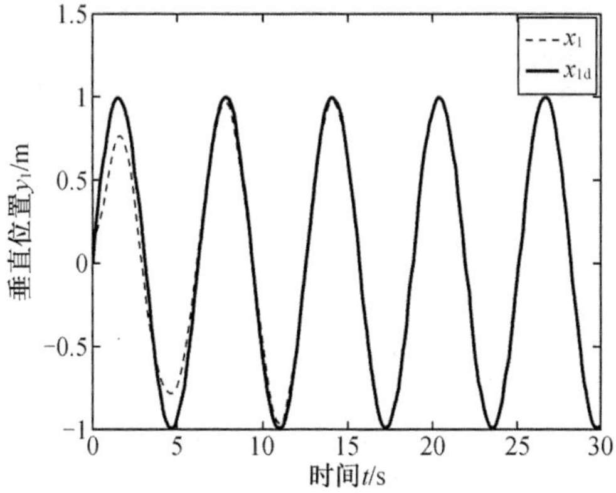

图 5-2　VTOL 飞行器垂直位置跟踪曲线

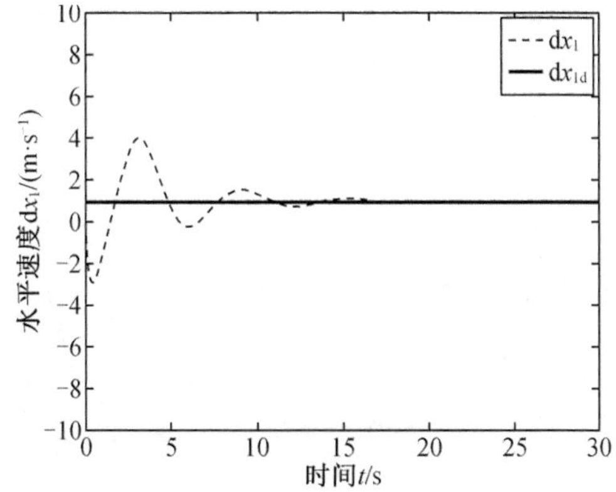

图 5-3　VTOL 飞行器水平速度跟踪曲线

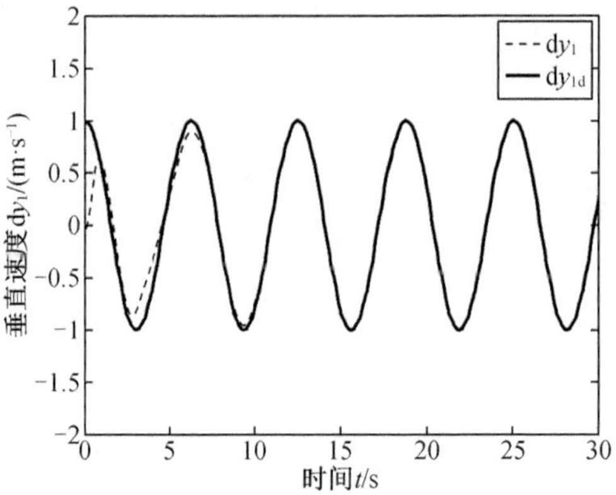

图 5-4　VTOL 飞行器垂直速度跟踪曲线

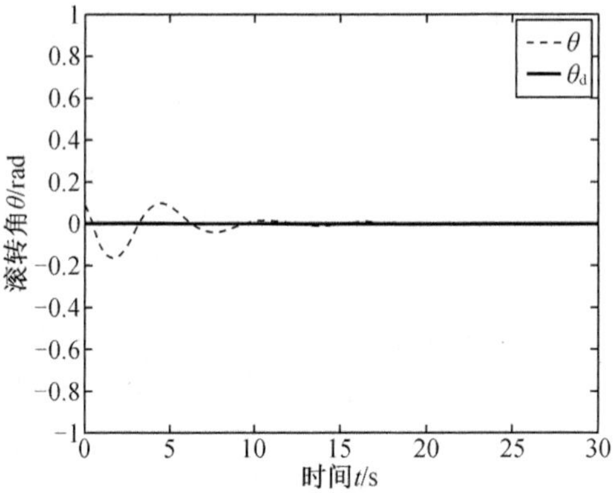

图 5-5　VTOL 飞行器滚转角变化曲线

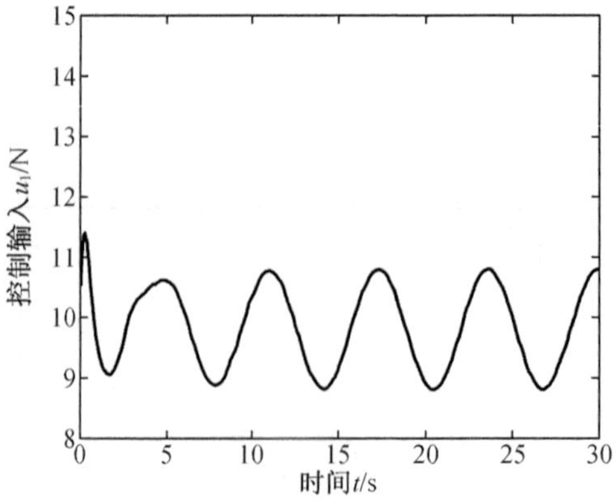

图 5-6　控制输入曲线 u_1

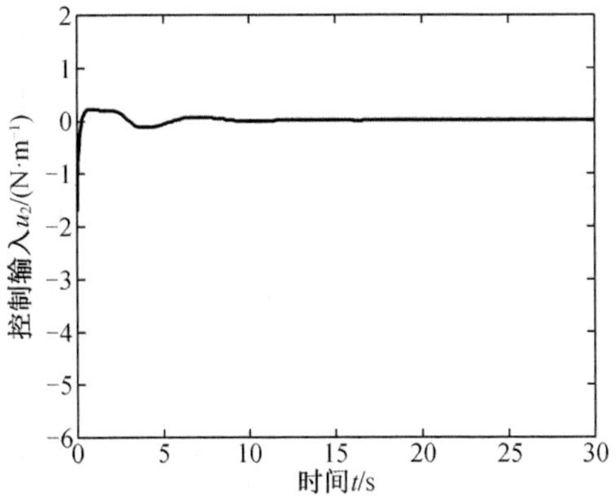

图 5-7 控制输入曲线 u_2

为了充分验证本章设计方法的控制性能，将本章方法与文献[61]中方法进行比较。设输入耦合系数 $\varepsilon=10$，$g=9.8\ \mathrm{m\cdot s^{-2}}$，跟踪轨迹为 $x_d=t$，$y_d=\sin t$，期望滚动角 $\theta_d=0$。被控对象初始状态为 $\boldsymbol{x}_0=[0.2\quad 0\quad 0.2\quad 0\quad 0.1\quad 0]$，控制参数分别取为 $c_1=27$，$c_2=27$，$c_3=9$，$M=0.1$，$\lambda=0.1$。仿真结果如图 5-8 至图 5-11 所示。

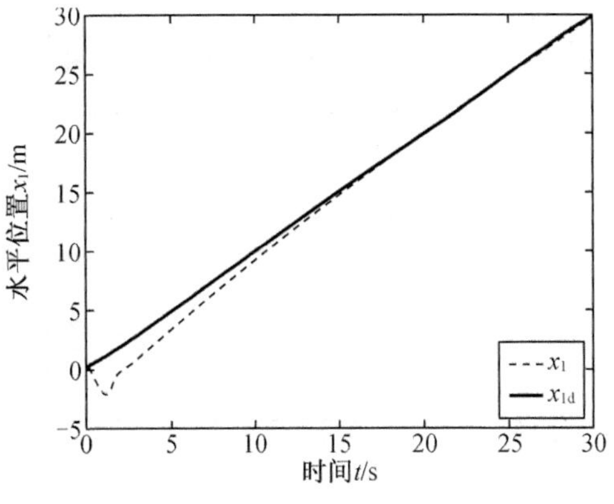

图 5-8 飞行器质心位置 $x(t)$ 曲线

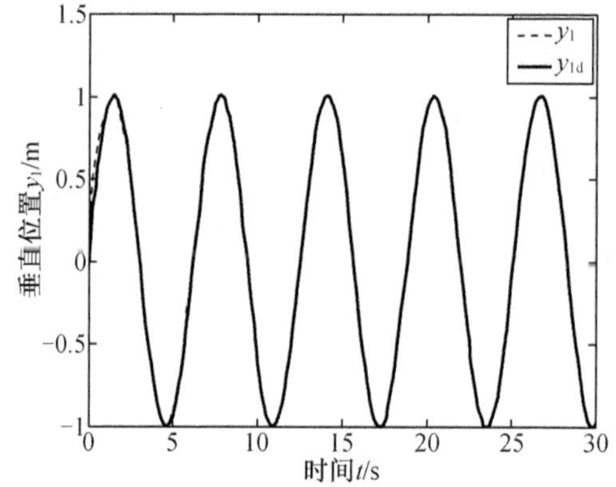

图 5－9　飞行器质心位置 $y(t)$ 曲线

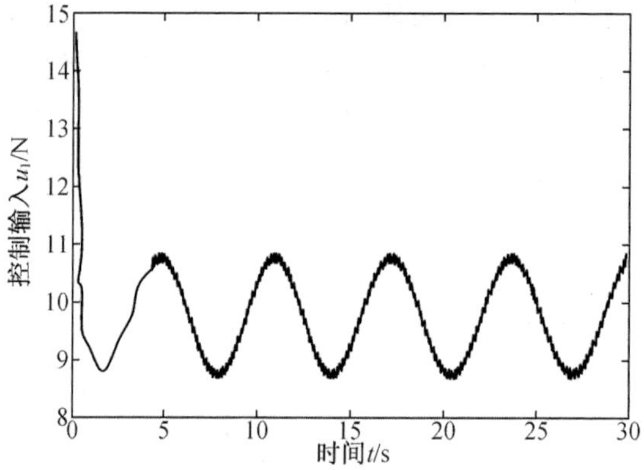

图 5－10　控制输入曲线 u_1

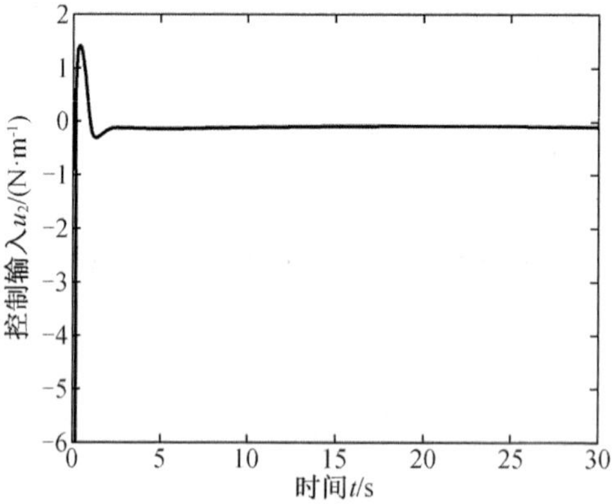

图 5－11　控制输入曲线 u_2

图 5 – 8 为飞行器水平位置跟踪曲线，由图可见文献[61]控制器的跟踪效果较差，在 18 s 后跟踪上给定轨迹，调节时间较长，且存在跟踪误差，没有实现对期望轨迹的无静差跟踪。而本章方法在 15 s 内实现了水平位置跟踪，且无静差。图 5 – 9 为垂直位置跟踪曲线，由图可见，跟踪速度较快。图 5 – 10 和图 5 – 11 为控制输入曲线，相比于本章控制器，显然文献[61]中控制输入 u_1 抖动不够平滑，控制输入 u_2 超调较大。以上充分说明，本章控制器在跟踪速度、跟踪精度及控制器稳定性方面明显优于文献[61]中所述控制器。

5.6　本章小结

对于 VTOL 飞行器的输出轨迹跟踪问题，本章提出了一种分层滑模控制方案，实现了 VTOL 飞行器在考虑输入耦合情况下的轨迹跟踪，利用 Lyapunov 稳定性理论和 Barbalat 引理详细证明了各个滑模面的渐近稳定性和误差系统的全局渐近稳定性。与已有的控制方法相比，该方法提出的控制器设计简单，响应速度快，跟踪精度高，对系统参数变化和外界干扰具有鲁棒性，能够实现对给定轨迹的渐近稳定跟踪。同时，给出的仿真结果进一步验证了这种滑模控制方法的有效性和可行性。

第6章　VTOL飞行器视觉伺服定点控制

考虑输入存在干扰,文献[104]基于观测器技术提出一种鲁棒控制方案,实现了VTOL飞行器轨迹跟踪控制。文献[105]将障碍Lyapunov法与动态面法相结合,提出一种控制器解决了VTOL飞行器位置受限控制问题,避免了“微分爆炸”问题,实现了飞行器对给定轨迹的跟踪。针对VTOL飞行器系统发生故障的情况,文献[106]提出一种基于级联观测器的鲁棒容错控制方案来保证系统在发生故障的情况下输出渐近跟踪给定期望轨迹。针对VTOL飞行器系统存在的参数干扰问题,文献[107]提出增益调度控制方法,该方法采用H_∞最优化方法设计控制器,保证了系统内部动态稳定。文献[108]中应用饱和函数法进一步解决了输入有界情况下VTOL飞行器的轨迹跟踪问题。

上述工作都没有考虑VTOL飞行器的定点降落问题。

本章对VTOL飞行器的定点降落问题展开研究。通常情况下,VTOL飞行器的位置和姿态都由全球定位系统(global positioning system,GPS)和惯性测量单元(inertial measurement unit,IMU)获取[109],但是GPS实时性差,IMU的精度低,对于定位精度高和实时性强的特殊任务(如定点位置降落)难以胜任。作为一种强大的感知环境的有效工具,视觉传感器具有精度高、实时性强等优点[110-111],适合于执行特殊任务。近年来,视觉伺服技术已经广泛地应用于控制领域[112-116]。根据误差反馈信号的不同,视觉伺服技术主要分为两类[112]:基于位置的视觉伺服(position-based visual servoing,PBVS)和基于图像的视觉伺服(image-based visual servoing,IBVS)。基于位置的视觉伺服需要物体的几何模型、精确的视觉模型及机器人系统模型,控制性能很大程度上依赖于物体的几何模型、视觉模型及摄像机标定精度等方面。由于这种方式并未对图像直接控制,所以对图像噪声敏感,且在控制过程中极易脱离视觉控制范围,导致任务无法实现。基于图像的视觉伺服控制将误差直接定义在图像空间,由图像特征误差信号计算出控制量,从而完成控制任务。由于该方法直接对图像进行控制,而图像空间又不受外界干扰,因此可以最大限度地降低摄像机的标定误差,且对图像噪声不敏感。在视觉伺服的过程中,该方法无须考虑物体模型的三维重建问题,对摄像机内外参数标定具有较好的鲁棒性[116]。

本章采用基于图像的视觉伺服方法解决 VTOL 飞行器的定点降落问题。采用李惠光教授提出的双目视觉伺服模型[117],无须获取未知特征点的深度信息,模型维度低,易于计算。本章主要贡献是将基于图像的视觉伺服控制方法引入 VTOL 飞行器系统。利用机载摄像头获取图像信息,基于反步法设计了视觉伺服控制器,引导 VTOL 飞行器定点降落在期望位置。由于所采用的双目视觉模型中不包含深度信息,从而避免了未知点深度信息的测量或估计。利用 Lyapunov 理论证明了在所设计控制器作用下 VTOL 飞行器闭环系统渐近稳定,图像误差最终收敛为零,实现了基于图像的视觉伺服控制。

6.1 动力学模型

根据式(2-5),VTOL 飞行器动力学模型可表示为

$$\begin{cases} -\ddot{Y}_{\mathrm{a}} = -u_1\sin\phi + \varepsilon u_2\cos\phi \\ -\ddot{Z}_{\mathrm{a}} = u_1\cos\phi + \varepsilon u_2\sin\phi - g \\ \ddot{\phi} = u_2 \end{cases} \tag{6-1}$$

式中,$(Y_{\mathrm{a}}, Z_{\mathrm{a}})$ 为 VTOL 飞行器质心的水平和垂直方向位置;ϕ 为滚转角;u_1 和 u_2 为飞行器底部推力控制输入和滚动控制输入;g 为重力加速度;ε 为描述滚动控制输入和横向加速度关系的耦合系数。

本章解决的是 VTOL 飞行器的定点降落问题,给定飞行器的目标降落位置 $\boldsymbol{Y}_{\mathrm{d}} = (Y_{1\mathrm{d}}, Y_{2\mathrm{d}})$,控制目标为设计控制律,使得 VTOL 飞行器系统平稳降落到目标位置。

对系统式(6-1),采用输入变换

$$\begin{bmatrix} u_1 \\ u_2 \end{bmatrix} = \begin{bmatrix} -\sin\phi & \varepsilon\cos\phi \\ \cos\phi & \varepsilon\sin\phi \end{bmatrix}^{-1} \begin{bmatrix} v_1 \\ v_2 + g \end{bmatrix} \tag{6-2}$$

式中,v_1 和 v_2 为新的控制输入,则系统式(6-1)变为

$$\begin{cases} -\ddot{Y}_{\mathrm{a}} = v_1 \\ -\ddot{Z}_{\mathrm{a}} = v_2 \\ \ddot{\phi} = \dfrac{1}{\varepsilon}v_1\cos\phi + \dfrac{1}{\varepsilon}v_2\sin\phi + \dfrac{g}{\varepsilon}\sin\phi \end{cases} \tag{6-3}$$

令 $w_1 = -Y_{\mathrm{a}}$, $w_2 = -\dot{Y}_{\mathrm{a}}$, $w_3 = -Z_{\mathrm{a}}$, $w_4 = -\dot{Z}_{\mathrm{a}}$, $w_5 = \phi$, $w_6 = \dot{\phi}$, $\boldsymbol{w} =$

$[w_1 \quad w_2 \quad w_3 \quad w_4 \quad w_5 \quad w_6]^{\mathrm{T}}$,则有

$$\begin{cases} \dot{w}_1 = w_2 \\ \dot{w}_2 = v_1 \\ \dot{w}_3 = w_4 \\ \dot{w}_4 = v_2 \\ \dot{w}_5 = w_6 \\ \dot{w}_6 = \dfrac{1}{\varepsilon} v_1 \cos w_5 + \dfrac{1}{\varepsilon} v_2 \sin w_5 + \dfrac{g}{\varepsilon} \sin w_5 \end{cases} \tag{6-4}$$

整理得

$$\dot{\boldsymbol{w}} = \boldsymbol{F}(\boldsymbol{w}) + \boldsymbol{G}(\boldsymbol{w})\boldsymbol{v} \tag{6-5}$$

式中

$$\boldsymbol{F}(\boldsymbol{w}) = \left[w_2 \quad 0 \quad w_4 \quad 0 \quad w_6 \quad \frac{g}{\varepsilon}\sin w_5 \right]^{\mathrm{T}}$$

$$\boldsymbol{G}(\boldsymbol{w}) = \begin{bmatrix} 0 & 1 & 0 & 0 & 0 & \dfrac{\cos w_5}{\varepsilon} \\ 0 & 0 & 0 & 1 & 0 & \dfrac{\sin w_5}{\varepsilon} \end{bmatrix}^{\mathrm{T}}$$

$$\boldsymbol{v} = [v_1 \quad v_2]^{\mathrm{T}}$$

6.2 双目视觉模型

6.2.1 摄像机模型

这里对所采用的摄像机模型做简要介绍。本书采用的是 CCD 摄像机,该摄像机采用的是一种在实际中有效的线性模型——针孔透视投影成像模型,即小孔成像,如图 6-1 所示。

$P(X,Y,Z)$表示物点在世界坐标系下的坐标。坐标系$\{C\}$表示摄像机坐标系,该坐标系的原点表示摄像机的光轴中心。(X_c,Y_c,Z_c)表示物点 P 在摄像机坐标系下的坐标,沿着 z_c 轴方向存在成像平面。成像平面距离摄像机坐标系原点的距离为f,f表示焦距。在成像平面内 $p(x,y)$表示物点 $P(X,Y,Z)$在成像平面内的投影,(x,y)表示物点 P 在图像平面的坐标。

根据小孔成像原理,有

$$\begin{cases} x = f\dfrac{X_c}{Z_c} \\ y = f\dfrac{Y_c}{Z_c} \end{cases} \tag{6-6}$$

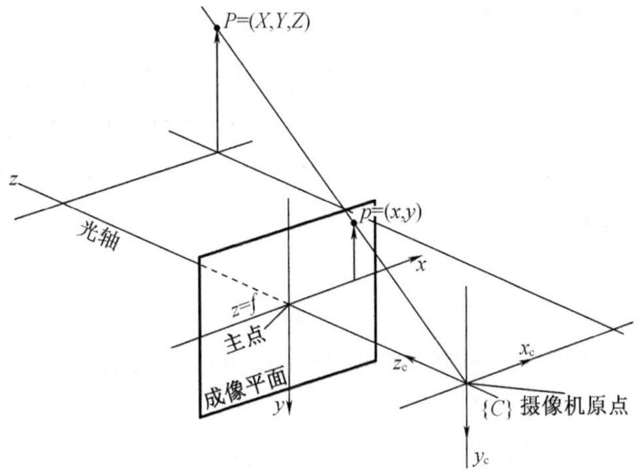

图6-1　摄像机投影模型

由式(6-6)可得齐次坐标表达式

$$Z_c\begin{bmatrix} x \\ y \\ 1 \end{bmatrix} = \begin{bmatrix} f & 0 & 0 & 0 \\ 0 & f & 0 & 0 \\ 0 & 0 & 1 & 0 \end{bmatrix}\begin{bmatrix} X_c \\ Y_c \\ Z_c \\ 1 \end{bmatrix} \tag{6-7}$$

点 P 在世界坐标系中的齐次坐标 $(X,Y,Z,1)$ 与在摄像机坐标系中的齐次坐标 $(X_c,Y_c,Z_c,1)$ 间的变换关系为

$$\begin{bmatrix} X_c \\ Y_c \\ Z_c \\ 1 \end{bmatrix} = \begin{bmatrix} R_{11} & R_{12} & R_{13} & t_x \\ R_{21} & R_{22} & R_{23} & t_y \\ R_{31} & R_{32} & R_{33} & t_z \\ 0 & 0 & 0 & 1 \end{bmatrix}\begin{bmatrix} X \\ Y \\ Z \\ 1 \end{bmatrix} = \begin{bmatrix} \boldsymbol{R} & \boldsymbol{t} \\ 0 & 1 \end{bmatrix}\begin{bmatrix} X \\ Y \\ Z \\ 1 \end{bmatrix} \tag{6-8}$$

式中,矩阵 $\boldsymbol{R}$ 表示摄像机坐标系相对于世界坐标系的旋转矩阵;向量 $\boldsymbol{t}$ 表示摄像机坐标系原点到世界坐标系原点间的平移向量。$\boldsymbol{R}$ 的解析式为

$$\boldsymbol{R} = \begin{bmatrix} \cos\gamma\cos\beta & -\sin\gamma\cos\alpha + \cos\gamma\sin\beta\sin\alpha & -\sin\gamma\sin\alpha + \cos\gamma\sin\beta\cos\alpha \\ \sin\gamma\cos\beta & \cos\gamma\cos\alpha + \sin\gamma\sin\beta\sin\alpha & -\cos\gamma\sin\alpha + \sin\gamma\sin\beta\cos\alpha \\ -\sin\beta & \cos\beta\sin\alpha & \cos\beta\cos\alpha \end{bmatrix}$$

式中,α、β、γ 表示摄像机相对于目标坐标系的姿态角。

根据式(6-7)和式(6-8),图像平面坐标系和世界坐标系之间的关系为

$$Z_{\mathrm{c}}\begin{bmatrix}x\\y\\1\end{bmatrix}=\begin{bmatrix}f&0&0&0\\0&f&0&0\\0&0&1&0\end{bmatrix}\begin{bmatrix}\boldsymbol{R}&\boldsymbol{t}\\0&1\end{bmatrix}\begin{bmatrix}X\\Y\\Z\\1\end{bmatrix}=\boldsymbol{M}_1\boldsymbol{M}_2\begin{bmatrix}X\\Y\\Z\\1\end{bmatrix}=\boldsymbol{M}\begin{bmatrix}X\\Y\\Z\\1\end{bmatrix}\tag{6-9}$$

摄像机采集的图像经图像采集系统变换为数字图像并输入计算机。每幅数字图像在计算机内为 $Q\times K$ 数组,Q 行 K 列的图像中的每一元素称为像素。由于没有实际的物理单位表示出像素在图像中的位置,因此需要将像素坐标变换成有实际物理意义的坐标。当图像平面 x 轴与 y 轴垂直时,坐标变换关系为

$$\begin{cases}u=u_0+k_x x\\v=v_0+k_y y\end{cases}\tag{6-10}$$

式中,k_x、k_y 分别表示 x 方向和 y 方向单位距离的像素数;(u_0,v_0) 表示光轴与图像平面交点的像素坐标,需要进行预标定。

采用齐次坐标与矩阵形式将式(6-10)表示为如下形式:

$$\begin{bmatrix}u\\v\\1\end{bmatrix}=\begin{bmatrix}k_x&0&u_0\\0&k_y&v_0\\0&0&1\end{bmatrix}\begin{bmatrix}x\\y\\1\end{bmatrix}\tag{6-11}$$

结合式(6-9)、式(6-11)得,摄像机内的像素坐标与物点在世界坐标系下的关系为

$$Z_{\mathrm{c}}\begin{bmatrix}u\\v\\1\end{bmatrix}=\begin{bmatrix}k_x&0&u_0\\0&k_y&v_0\\0&0&1\end{bmatrix}\begin{bmatrix}f&0&0&0\\0&f&0&0\\0&0&1&0\end{bmatrix}\begin{bmatrix}\boldsymbol{R}&\boldsymbol{t}\\0&1\end{bmatrix}\begin{bmatrix}X\\Y\\Z\\1\end{bmatrix}=\boldsymbol{M}_1\boldsymbol{M}_2\boldsymbol{M}_3\begin{bmatrix}X\\Y\\Z\\1\end{bmatrix}=\boldsymbol{M}\begin{bmatrix}X\\Y\\Z\\1\end{bmatrix}\tag{6-12}$$

式中,$\boldsymbol{M}_1$、$\boldsymbol{M}_2$ 表示内参数矩阵;$\boldsymbol{M}_3$ 表示外参数矩阵。式(6-12)表述的是关于针孔模型下的理想透视投影。

6.2.2 双目视觉模型建模

在实际测量中,摄像机数目越多,所获取的视觉信息就越多,控制效果就越好。实际系统中,立体视觉系统多采用两个摄像机。本节针对双目视觉系统进行建模。为了便于分析和描述问题,首先给出下列假设条件:

(1)两摄像机平行放置,性能相同且内外参数已知;

(2)目标物体的特征点始终位于摄像机的视野范围内;

(3)机械手的末端与左摄像机成像平面坐标的原点重合。

双目视觉系统如图6-2所示,坐标系 $OXYZ$、$Oxyz_1$ 和 $O\theta yz_2$ 分别表示摄像机坐标系、左图像平面坐标系和右图像平面坐标系;$W(X,Y,Z)$ 为物体在摄像机坐标系下的坐标;W 在左图像平面的成像点 W_1 的坐标为(x,y),在右图像平面的成像点 W_2 的坐标为(θ,y);f 表示摄像机焦距;B 为双目镜头的中心距离。

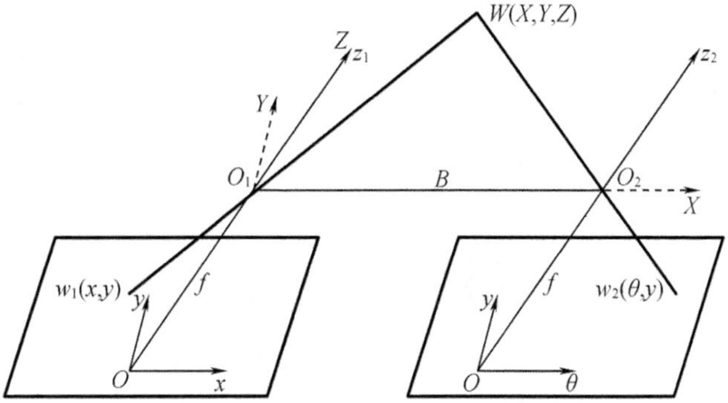

图6-2 双目视觉系统示意图

物点 $W(X,Y,Z)$ 在 $X-Z$ 平面的成像如图6-3所示,在 $Y-Z$ 平面的成像如图6-4所示;在左平面的坐标为 $w_1(-x,-y)$,在右平面的坐标为 $w_2(\theta,-y)$。为了符合人的观测习惯,取成像点在镜头中心的前部成像(这在图像处理与显示过程中很容易实现),于是新的坐标系统下的成像坐标为

$$w_1(x,y),w_2(-\theta,y)$$

由图6-3与图6-4可知以下关系式成立:

$$x=\frac{f}{Z}X \tag{6-13}$$

$$y=\frac{f}{Z}Y \tag{6-14}$$

$$\theta=\frac{-f}{Z}(B-X) \tag{6-15}$$

由式(6-13)至式(6-15)可得

$$\frac{1}{Z}=\frac{x-\theta}{fB} \tag{6-16}$$

令 ${}^{\mathrm{C}}\boldsymbol{P}=[X \quad Y \quad Z]^{\mathrm{T}}$ 表示物点在摄像机坐标系下的坐标,${}^{\mathrm{C}}\boldsymbol{V}=[v_{xc} \quad v_{yc} \quad v_{zc}]^{\mathrm{T}}$ 表示物体坐标系原点在摄像机坐标系下的线速度,${}^{\mathrm{C}}\boldsymbol{\Omega}=[\omega_{xc} \quad \omega_{yc} \quad \omega_{zc}]^{\mathrm{T}}$ 表示

物点坐标系原点在摄像机坐标系下的角速度,则以下关系式成立:

$$ {}^{C}\dot{\boldsymbol{P}} = {}^{C}\boldsymbol{V} + {}^{C}\boldsymbol{\Omega} \times {}^{C}\boldsymbol{P} \tag{6-17} $$

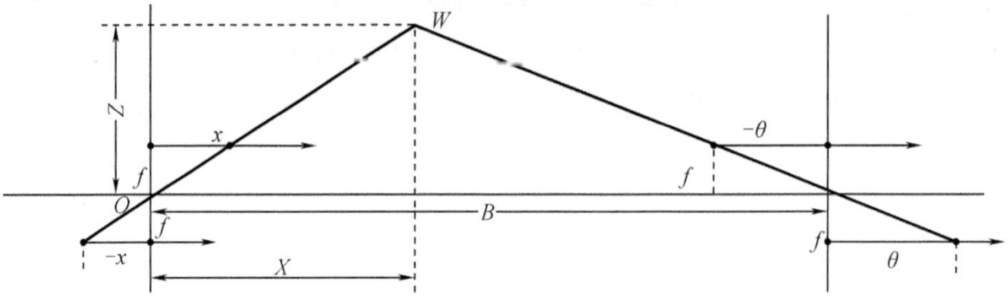

图 6-3　*X*-*Z* 平面成像图

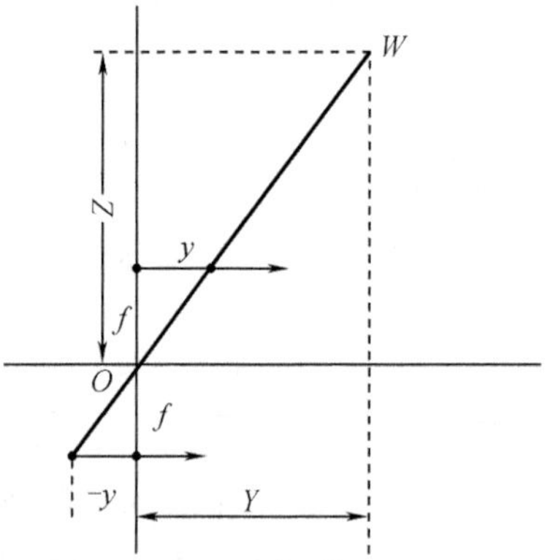

图 6-4　*Y*-*Z* 平面成像图

即有

$$ \frac{\mathrm{d}X}{\mathrm{d}t} = v_{xc} + Z\omega_{yc} - Y\omega_{zc} \tag{6-18} $$

$$ \frac{\mathrm{d}Y}{\mathrm{d}t} = v_{yc} - Z\omega_{xc} + X\omega_{zc} \tag{6-19} $$

$$ \frac{\mathrm{d}Z}{\mathrm{d}t} = v_{zc} + Y\omega_{xc} - X\omega_{yc} \tag{6-20} $$

对于手眼系统,机械手与物点相对运动,则以下关系成立:

$$ {}^{T}\boldsymbol{V} = [v_x \quad v_y \quad v_z]^{T} = -{}^{C}\boldsymbol{V} \tag{6-21} $$

$$ {}^{T}\boldsymbol{\Omega} = [\omega_x \quad \omega_y \quad \omega_z]^{T} = -{}^{C}\boldsymbol{\Omega} \tag{6-22} $$

由式(6-21)和式(6-22)可得成像点的速度:

$$\begin{bmatrix}\dot{x}\\\dot{y}\\\dot{\theta}\end{bmatrix}=\begin{bmatrix}\dfrac{\mathrm{d}}{\mathrm{d}t}\left(\dfrac{f}{Z}X\right)\\\dfrac{\mathrm{d}}{\mathrm{d}t}\left(\dfrac{f}{Z}Y\right)\\\dfrac{\mathrm{d}}{\mathrm{d}t}\left[\dfrac{-f}{Z}(B-X)\right]\end{bmatrix}$$

$$=\begin{bmatrix}-\dfrac{f}{Z} & 0 & \dfrac{x}{Z} & \dfrac{xy}{f} & -\dfrac{f^2+x^2}{f} & y\\ 0 & -\dfrac{f}{Z} & \dfrac{y}{Z} & \dfrac{f^2+y^2}{f} & -\dfrac{xy}{f} & -x\\ -\dfrac{f}{Z} & 0 & \dfrac{x}{Z}-\dfrac{fB}{Z^2} & \dfrac{xy}{f}-\dfrac{B}{Z}y & -\dfrac{f^2+x^2}{f}+\dfrac{B}{Z}x & y\end{bmatrix}\cdot\begin{bmatrix}v_x\\v_y\\v_z\\\omega_x\\\omega_y\\\omega_z\end{bmatrix} \tag{6-23}$$

将式(6－18)代入式(6－23)中,有

$$\begin{bmatrix}\dot{x}\\\dot{y}\\\dot{\theta}\end{bmatrix}=\begin{bmatrix}\dfrac{\theta-x}{B} & 0 & \dfrac{x(x-\theta)}{fB} & \dfrac{xy}{f} & -\dfrac{f^2+x^2}{f} & y\\ 0 & \dfrac{\theta-x}{B} & \dfrac{y(x-\theta)}{fB} & \dfrac{f^2+y^2}{f} & -\dfrac{xy}{f} & -x\\ \dfrac{\theta-x}{B} & 0 & \dfrac{\theta(x-\theta)}{fB} & \dfrac{y\theta}{f} & -\dfrac{f^2+x\theta}{f} & y\end{bmatrix}\cdot\begin{bmatrix}v_x\\v_y\\v_z\\\omega_x\\\omega_y\\\omega_z\end{bmatrix} \tag{6-24}$$

式中,$\boldsymbol{m}_i=[x\quad y\quad \theta]^{\mathrm{T}}\in\mathbf{R}^3$,为目标物体上一个特征点的图像坐标;$\boldsymbol{V}_{\mathrm{c}}=[v_x\quad v_y\quad v_z\quad \omega_x\quad \omega_y\quad \omega_z]^{\mathrm{T}}\in\mathbf{R}^6$,为摄像机相对于世界坐标系的运动速度;$f$ 为摄像机焦距;B 为双目镜头的中心距离。则有下式成立[117]:

$$\dot{\boldsymbol{m}}_i=\boldsymbol{J}_i(\boldsymbol{m}_i)\boldsymbol{V}_{\mathrm{c}} \tag{6-25}$$

式中,$\boldsymbol{J}_i(\boldsymbol{m}_i)\in\mathbf{R}^{3\times6}$表示特征点 m_i 的图像雅可比矩阵。

式(6－25)即为双目立体视觉模型,该模型的图像雅可比矩阵不包含物点的深度值,避免了深度信息的测量与估计。

实际使用时,对上述模型说明如下:

(1)定义成像平面的像素原点在平面的中心。

(2)a_x 为 u 轴上尺度因子,a_y 为 v 轴上尺度因子,表示单位距离的像素数。假设二者相等,即 $\alpha_x=\alpha_y=\alpha$,单位为 pixel/cm。

(3) (u_1, v_1) 和 (u_2, v_2) 分别表示点 w_1 和 w_2 在左、右像平面以像素为单位的坐标。

由于摄像机安装在飞机质心位置，有

$$\boldsymbol{V}_{\mathrm{c}} = [0 \quad \dot{y} \quad \dot{z} \quad \dot{\varphi} \quad 0 \quad 0]^{\mathrm{T}} = \boldsymbol{A}\boldsymbol{w} \tag{6-26}$$

式中

$$\boldsymbol{A} = \begin{bmatrix} 0 & 0 & 0 & 0 & 0 & 0 \\ 0 & -1 & 0 & 0 & 0 & 0 \\ 0 & 0 & 0 & -1 & 0 & 0 \\ 0 & 0 & 0 & 0 & 0 & 1 \\ 0 & 0 & 0 & 0 & 0 & 0 \\ 0 & 0 & 0 & 0 & 0 & 0 \end{bmatrix}$$

进一步得

$$\dot{\boldsymbol{m}}_i = \boldsymbol{J}_i(\boldsymbol{m}_i)\boldsymbol{V}_{\mathrm{c}} = \boldsymbol{J}_i(\boldsymbol{m}_i)\boldsymbol{A}\boldsymbol{w} = \boldsymbol{K}(\boldsymbol{m}_i)\boldsymbol{w} \tag{6-27}$$

式中，$\boldsymbol{K}(\boldsymbol{m}_i) = \boldsymbol{J}_i(\boldsymbol{m}_i)\boldsymbol{A}$。

6.3 视觉伺服系统控制器设计

为了实现定点降落的控制目标，本节利用机载摄像头获取目标物体的图像信息，采用基于图像的视觉伺服控制方法，同时结合反步法设计出视觉伺服控制器，引导飞行器系统自主降落在目标位置。

为了简化分析，这里只取目标上一个特征点进行研究，但是可以将控制器扩展到多个特征点的情况。控制目的是使特征点在图像平面的位置渐近趋向于期望位置，即图像误差趋近于零。

由系统式(6-5)和式(6-27)，并令 $\boldsymbol{m} = \boldsymbol{q}_1$，$\boldsymbol{w} = \boldsymbol{q}_2$，得到 VTOL 飞行器视觉伺服系统

$$\begin{cases} \dot{\boldsymbol{q}}_1 = \boldsymbol{K}(\boldsymbol{q}_1)\boldsymbol{q}_2 \\ \dot{\boldsymbol{q}}_2 = \boldsymbol{F}(\boldsymbol{q}_2) + \boldsymbol{G}(\boldsymbol{q}_2)\boldsymbol{v} \end{cases} \tag{6-28}$$

定理 6-1 对于 VTOL 飞行器视觉伺服系统式(6-28)，如果选取滑模面

$$\boldsymbol{S} = \boldsymbol{e}_2 + \boldsymbol{K}_1\int_0^t \boldsymbol{e}_2 \mathrm{d}t \tag{6-29}$$

式中，$\boldsymbol{K}_1$ 为待设计的正定矩阵，同时设计滑模控制律

$$\boldsymbol{v} = \boldsymbol{G}^{+}(\boldsymbol{q}_2)[\dot{\boldsymbol{q}}_{2\mathrm{d}} - \boldsymbol{F}(\boldsymbol{q}_2) + \boldsymbol{K}_1\boldsymbol{e}_2 + \boldsymbol{M}\boldsymbol{S}] \tag{6-30}$$

式中，$\boldsymbol{q}_{2d}=\boldsymbol{K}^{+}(\boldsymbol{q}_1)\boldsymbol{\Lambda e}_1$，$\boldsymbol{\Lambda}$、$\boldsymbol{M}$ 为正定对角矩阵，则闭环系统式(6－28)是渐近稳定的，即

$$\boldsymbol{m}\to\boldsymbol{m}_{\mathrm{d}},w\to 0$$

证明 令目标点的期望图像特征 $\boldsymbol{m}_{\mathrm{d}}=\boldsymbol{q}_{1d}$，并定义视觉伺服系统的图像误差

$$\boldsymbol{e}_1=\boldsymbol{q}_{1d}-\boldsymbol{q}_1 \tag{6-31}$$

由于目标点在图像平面的期望位置为定值，即 $\dot{\boldsymbol{m}}_{\mathrm{d}}=\dot{\boldsymbol{q}}_{1d}=0$，对式(6－31)求导，有

$$\dot{\boldsymbol{e}}_1=\dot{\boldsymbol{q}}_{1d}-\dot{\boldsymbol{q}}_1=-\dot{\boldsymbol{q}}_1=-\boldsymbol{K}(\boldsymbol{q}_1)\boldsymbol{q}_2 \tag{6-32}$$

定义 Lyapunov 函数

$$V_1=\frac{1}{2}\boldsymbol{e}_1^{\mathrm{T}}\boldsymbol{e}_1 \tag{6-33}$$

对上式求导，并将式(6－32)代入可得

$$\dot{V}_1=\boldsymbol{e}_1^{\mathrm{T}}\dot{\boldsymbol{e}}_1=-\boldsymbol{e}_1^{\mathrm{T}}\boldsymbol{K}(\boldsymbol{q}_1)\boldsymbol{q}_2 \tag{6-34}$$

根据反步法，选取虚拟控制量

$$\boldsymbol{q}_{2d}=\boldsymbol{K}^{+}(\boldsymbol{q}_1)\boldsymbol{\Lambda e}_1 \tag{6-35}$$

式中，$\boldsymbol{K}^{+}(\boldsymbol{q}_1)$为 $\boldsymbol{K}(\boldsymbol{q}_1)$的伪逆矩阵；$\boldsymbol{\Lambda}$ 为待设计的正定矩阵。

定义误差变量

$$\boldsymbol{e}_2=\boldsymbol{q}_{2d}-\boldsymbol{q}_2 \tag{6-36}$$

将式(6－35)和式(6－36)代入式(6－34)可得

$$\dot{V}_1=-\boldsymbol{e}_1^{\mathrm{T}}\boldsymbol{K}(\boldsymbol{q}_1)(\boldsymbol{q}_{2d}-\boldsymbol{e}_2)=-\boldsymbol{e}_1^{\mathrm{T}}\boldsymbol{\Lambda e}_1+\boldsymbol{e}_1^{\mathrm{T}}\boldsymbol{K}(\boldsymbol{q}_1)\boldsymbol{e}_2 \tag{6-37}$$

定义 Lyapunov 函数

$$V_2=\frac{1}{2}\boldsymbol{S}^{\mathrm{T}}\boldsymbol{S}$$

对上式求导，并结合式(6－29)可得

$$\begin{aligned}\dot{V}_2&=\boldsymbol{S}^{\mathrm{T}}\dot{\boldsymbol{S}}=\boldsymbol{S}^{\mathrm{T}}(\dot{\boldsymbol{e}}_2+\boldsymbol{K}_1\boldsymbol{e}_2)\\&=\boldsymbol{S}^{\mathrm{T}}(\dot{\boldsymbol{q}}_{2d}-\dot{\boldsymbol{q}}_2+\boldsymbol{K}_1\boldsymbol{e}_2)=\boldsymbol{S}^{\mathrm{T}}[\dot{\boldsymbol{q}}_{2d}-\boldsymbol{F}(\boldsymbol{q}_2)-\boldsymbol{G}(\boldsymbol{q}_2)\boldsymbol{v}+\boldsymbol{K}_1\boldsymbol{e}_2]\end{aligned} \tag{6-38}$$

将所设计滑模控制律式(6－30)代入式(6－38)，有 $\dot{V}_2=-\boldsymbol{S}^{\mathrm{T}}\boldsymbol{MS}<0$，即 $\lim\limits_{t\to\infty}\boldsymbol{S}=0$，由此可得 $\boldsymbol{e}_2=-\boldsymbol{K}_1\int_0^t\boldsymbol{e}_2\mathrm{d}t$，进而有 $\dot{\boldsymbol{e}}_2=-\boldsymbol{K}_1\boldsymbol{e}_2$，$\boldsymbol{K}_1>0$，可得$\lim\limits_{t\to\infty}\boldsymbol{e}_2=0$，即$\lim\limits_{t\to\infty}\boldsymbol{q}_2=\boldsymbol{q}_{2d}=\boldsymbol{K}^{+}(\boldsymbol{q}_1)\boldsymbol{\Lambda e}_1$。由 $\dot{\boldsymbol{q}}_1=\boldsymbol{K}(\boldsymbol{q}_1)\boldsymbol{q}_2$ 得，$\dot{\boldsymbol{q}}_1=\boldsymbol{K}(\boldsymbol{q}_1)\boldsymbol{q}_{2d}=\boldsymbol{\Lambda e}_1$，即 $\dot{\boldsymbol{e}}_1=-\boldsymbol{\Lambda e}_1$，$\lim\limits_{t\to\infty}\boldsymbol{e}_1=0$，又由$\lim\limits_{t\to\infty}\boldsymbol{q}_2=\boldsymbol{K}^{+}(\boldsymbol{q}_1)\boldsymbol{\Lambda e}_1$ 得，$\lim\limits_{t\to\infty}\boldsymbol{q}_2=0$，$\lim\limits_{t\to\infty}\boldsymbol{w}=0$，即 $w_1\to 0$，

$w_2 \to 0, w_3 \to 0, w_4 \to 0, w_5 \to 0, w_6 \to 0$，即飞行器系统最终降落在期望位置。

证毕。

6.4 仿真研究

为验证本章所设计控制方法的有效性，在 MATLAB/Simulink 环境下进行了 VTOL 飞行器定点降落仿真实验。设定飞行器期望位置为 $y_{d1} = 0.1$ m，$y_{d2} = 0.3$ m；模型参数为 $\varepsilon = 0.5$，$f = 900$ pixel；初始状态为 $w_0 = [3.5 \quad 0.01 \quad 3.0 \quad 0.01 \quad 0.05 \quad 0]^{T}$；控制器参数为 $\boldsymbol{M} = 10\mathrm{diag}(1,1,1,1,1,1)$，$\boldsymbol{K}_1 = 20\mathrm{diag}(1,1,1,1,1,1)$，$\boldsymbol{\Lambda} = 5\mathrm{diag}(1,1,1)$。

图 6 - 5 为特征点在左、右摄像机图像平面运动轨迹曲线，上面圆圈为初始点位置，下面星号为期望点位置，由图可见，特征点由初始点顺利到达期望点。图 6 - 6 为图像误差曲线，可以看出，图像误差快速收敛为零，收敛精度高。图 6 - 7 为 VTOL 飞行器滚转角及其角速度变化曲线，图中表明滚转角及其角速度收敛速度快，稳定性好。图 6 - 8 和图 6 - 9 分别表示 VTOL 飞行器水平、垂直方向位置和速度收敛曲线，从中可以看出，飞行器的位置和速度收敛速度快，在 10 s 内完成收敛，动态过程平稳。图 6 - 10 为 VTOL 飞行器控制输入曲线，从中可以看出控制器响应迅速、稳定收敛。仿真结果表明，VTOL 飞行器能够快速、准确地到达目标位置，同时保证滚转角及其角速度渐近收敛到零，系统内部动态稳定，本章设计的控制器效果良好。

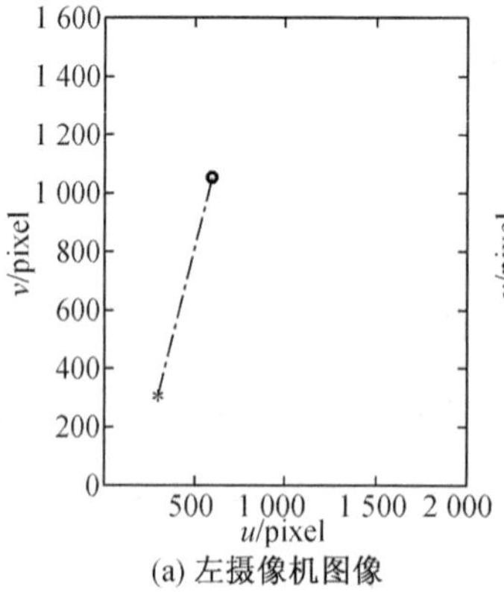

(a) 左摄像机图像

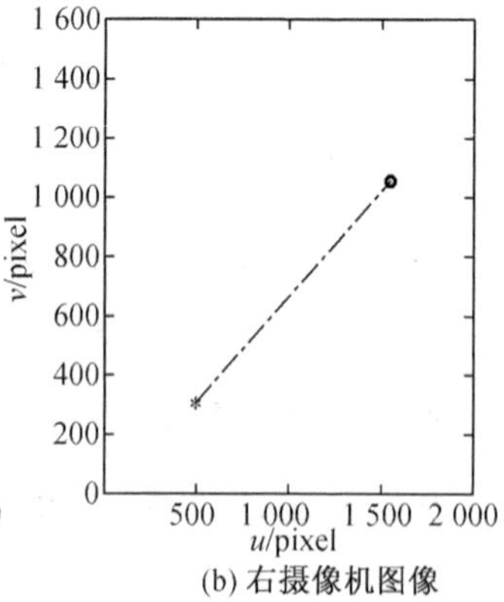

(b) 右摄像机图像

图 6 - 5 特征点在左、右摄像机图像平面运动轨迹曲线

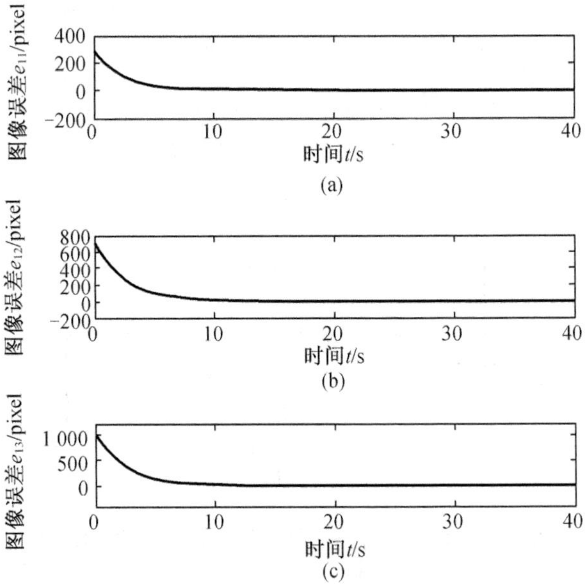

图 6－6　图像误差曲线

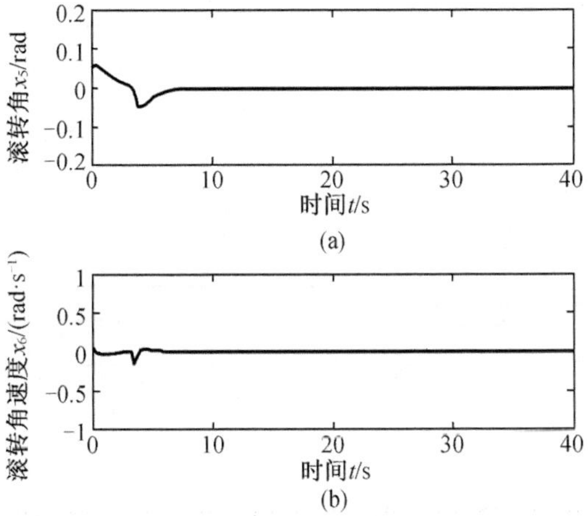

图 6－7　VTOL 飞行器滚转角及其角速度变化曲线

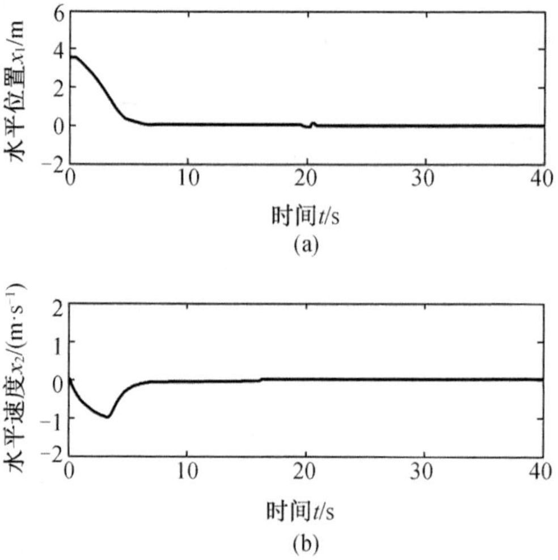

图 6－8　VTOL 飞行器水平方向位置和速度收敛曲线

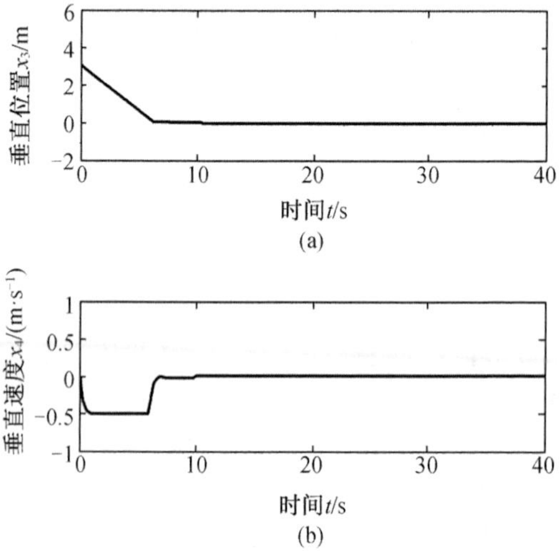

图 6－9　VTOL 飞行器垂直方向位置和速度收敛曲线

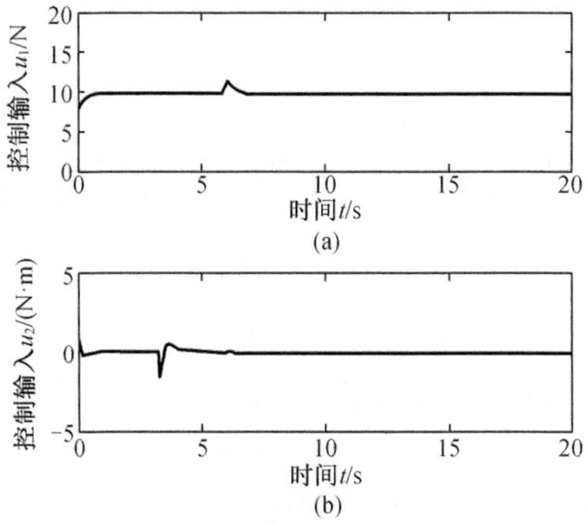

图 6-10　VTOL 飞行器控制输入曲线

6.5　本 章 小 结

本章提出一种将视觉伺服控制技术与反步法相结合的控制策略,将基于图像的视觉伺服控制方法应用于 VTOL 飞行器系统。基于反步法与滑模控制技术设计了视觉伺服控制器,解决了 VTOL 飞行器自主定点降落控制问题。该方法所采用视觉模型不含深度信息,直接利用图像信息即可获得图像雅克比矩阵,无须测量或估计未知点的深度信息。利用 Lyapunov 理论给出了闭环系统的稳定性证明。给出的仿真结果表明,所提出的方法能够保证 VTOL 视觉伺服系统快速、稳定地到达期望目标位置,图像误差渐近收敛为零,实现了基于图像的视觉伺服控制。该方法控制精度高,稳定性好。

第7章　VTOL飞行器有限时间控制

VTOL飞行器系统控制的难点在于它具有3个自由度和2个控制输入,是一种典型的欠驱动、强耦合、非最小相位系统,这极大地增加了控制器的设计难度。在过去的几十年里,国内外很多学者提出了许多控制方法。早期Hauser等人在文献[21]中提出一个近似输入输出线性化控制方法,该方法忽略了输入耦合将飞行器近似为最小相位系统,最终实现了VTOL飞行器有界跟踪和渐近镇定控制。但实际中,输入耦合是不可忽略的,Martin等人[22]提出一种"微分平滑"的解耦方法,通过坐标变换将输出变成"惠更斯"中心,从而使原模型解耦成最小相位系统,针对最小相位系统设计了跟踪控制律。文献[77]基于模型分解的方法研究了VTOL飞行器输出轨迹跟踪问题。文献[118]基于线性代数理论提出一种VTOL飞行器轨迹跟踪控制器,该控制器设计简单,能够实现对给定轨迹的跟踪。文献[119]采用Lyapunov直接法设计了保证VTOL飞行器系统全局镇定的控制律,同时用LaSalle不变集理论给出了全局渐近收敛稳定性证明。针对VTOL飞行器垂直降落问题,Marconi等人[120]提出了基于内模方法的解决方案。文献[121]基于自适应模型预测控制提出一种控制器,实现了飞行器姿态和轨迹跟踪。考虑VTOL飞行器系统发生故障情况,Chaldi等人[122]提出一种鲁棒容错跟踪控制器,解决了飞行器出现故障时的轨迹跟踪问题。考虑VTOL飞行器系统输入存在强耦合,文献[123]提出一种轨迹跟踪控制方法,即采用稳态系统中心方法求解理想内部动态,基于理想内模设计了线性二次型调节器(linear quadratic regulator,LQR),保证系统内部动态有界。

上述文献均未考虑速度无法测量的问题,目前对VTOL飞行器无速度测量方面的研究很少,然而实际中,由于传感器故障等原因,速度无法测量的情况常常发生。考虑速度无法测量情况下的VTOL飞行器系统轨迹跟踪控制问题,本章提出了一种基于有限时间快速收敛观测器的输出反馈控制策略。

首先,基于系统分解技术和有限时间控制方法设计了有限时间状态反馈控制律,解决了VTOL飞行器轨迹跟踪问题。其次,考虑速度无法测量情况下的VTOL飞行器轨迹跟踪问题,提出了有限时间快速收敛观测器,基于有限时间快速收敛观测器设计了输出反馈控制器。该控制器能够保证闭环系统全局有限时间稳定。所提出的有限时间控制律中包含切换函数,使得闭环系统在两种情况下都能保证快速收敛,解决了已有的有限时间控制器在远离原点时收敛速度慢的问题。最后,给出的仿真结果表明该输出反馈控制器具有良好的跟踪性能,能够保证系统快速、准确地跟踪给定参考轨迹。

7.1　预备知识

根据式(2-5),VTOL 飞行器动力学模型表示为

$$\begin{cases} \dot{x}_1 = x_2 \\ \dot{x}_2 = -u_1 \sin x_5 + \varepsilon u_2 \cos x_5 \\ \dot{x}_3 = x_4 \\ \dot{x}_4 = u_1 \cos x_5 + \varepsilon u_2 \sin x_5 - g \\ \dot{x}_5 = x_6 \\ \dot{x}_6 = u_2 \\ \boldsymbol{y} = (x_1, x_3, x_5)^{\mathrm{T}} \end{cases} \tag{7-1}$$

式中,(x_1,x_3)为 VTOL 飞行器质心的水平和垂直方向位置;x_5 为滚转角;u_1 和 u_2 为飞行器底部推力控制输入和滚动控制输入;g 为重力加速度;ε 为描述滚动控制输入和横向加速度关系的耦合系数。

本章解决的是 VTOL 飞行器的轨迹跟踪问题,控制目标为对于给定飞行器位置参考轨迹 $\boldsymbol{Y}_{\mathrm{d}}=(y_{1\mathrm{d}},y_{2\mathrm{d}})$,设计控制律 u_1 和 u_2 使得 $y_1(t)$和 $y_2(t)$分别在有限时间内跟踪位置 $y_{1\mathrm{d}}$和 $y_{2\mathrm{d}}$,同时保证滚转角 x_5 稳定。

为便于后续控制器设计,先给出一些定义和引理。

定义 7-1[124]　称向量场$\boldsymbol{f}(x):\mathbf{R}^n\to\mathbf{R}^n$ 关于$(r_1,r_2,\cdots,r_n)\in\mathbf{R}^n$,$r_i>0(i=1,2,\cdots,n)$具有齐次度 k,若对$\forall\tau>0,x\in\mathbf{R}^n$,满足

$$f_i(\tau^{r_1}x_1,\tau^{r_2}x_2,\cdots,\tau^{r_n}x_n)=\tau^{k+r_i}f_i(x),i=1,2,\cdots,n$$

式中,$k\geqslant-\max\{r_i,i=1,2,\cdots,n\}$。

定义 7-2[124]　考虑系统

$$\dot{\boldsymbol{x}}=\boldsymbol{f}(x),\boldsymbol{f}(\boldsymbol{0})=0,\boldsymbol{x}\in\mathbf{R}^n \tag{7-2}$$

式中,$\boldsymbol{f}:U\to\mathbf{R}^n$ 在原点 $\boldsymbol{x}=\boldsymbol{0}=[0,\cdots,0]^{\mathrm{T}}$ 的开邻域 U 内关于 x 连续。如果在包含原点的邻域 $U_0\subseteq U$ 内系统 Lyapunov 稳定且有限时间收敛,则平衡点 $\boldsymbol{x}=\boldsymbol{0}$ 是有限时间稳定的。

注 7－1 有限时间收敛意味着存在函数 $T: U_0 \setminus \{\mathbf{0}\} \to (0, +\infty)$，使得 $\forall \boldsymbol{x}_0 \in U_0 \subset \mathbf{R}^n$，式(7－2)的解 $x(t,x_0)$（x_0 是定义的初始条件）$\lim\limits_{t\to T(x_0)} \boldsymbol{x}(t,\boldsymbol{x}_0)=\mathbf{0}$，即当 $t>T(x_0)$ 时，$\boldsymbol{x}(t,\boldsymbol{x}_0)=\mathbf{0}$。特别地，当 $U_0=\mathbf{R}^n$ 时，系统全局有限时间稳定。

引理 7－1[124] 如果连续系统 $\dot{\boldsymbol{x}}=\boldsymbol{f}(\boldsymbol{x})$ 是全局渐近稳定的且齐次度 $k<0$，则该系统是全局有限时间稳定的。

引理 7－2[124] 以下系统是全局有限时间稳定的。

$$\begin{cases}\dot{x}_1=x_2\\ \dot{x}_2=-k_1 s(\alpha_1,x_1)-k_2 s(\alpha_2,x_2)\end{cases} \tag{7-3}$$

式中，$s(\cdot)$ 定义为

$$s(\alpha_i,x)=\begin{cases}\operatorname{sign}(x)\,|x|^{\alpha_i}, & |x|\leqslant 1\\ x, & |x|>1\end{cases} \tag{7-4}$$

且 $0<\alpha_1<1$，$\alpha_2=\dfrac{2\alpha_1}{1+\alpha_1}$，$k_1,k_2>0$。

证明 定义 Lyapunov 函数

$$V(x_1,x_2)=k_1\int_0^{x_1} s(\alpha_1,\mu)\,\mathrm{d}\mu+\frac{x_2^2}{2}$$

对上式求导得

$$\dot{V}(x_1,x_2)=-k_2 x_2 s(\alpha_2,x_2)\leqslant 0$$

根据 Lasalle 不变集原理可知最大不变集为 $\{(0,0)\}$，因此系统式(7－3)是全局渐近稳定的。这也意味着状态将在有限时间内收敛于域 $Q_1=\{(x_1,x_2):\|x\|\leqslant 1\}$。当 $(x_1,x_2)\in Q_1$（即 $|x_1|\leqslant 1$）时，根据 $s(\alpha_i,x)$ 定义，系统式(7－3)变为

$$\begin{cases}\dot{x}_1=x_2\\ \dot{x}_2=-k_1\operatorname{sign}(x_1)\,|x_1|^{\alpha_1}-k_2\operatorname{sign}(x_2)\,|x_2|^{\alpha_2}\end{cases} \tag{7-5}$$

由定义 7－1 可得，对于扩张 $(r_1,r_2)=(1,(1+\alpha_1)/2)$ 系统式(7－5)的齐次度 $k=(\alpha_1-1)/2<0$。显然，由引理 7－1 可得闭环系统全局有限时间稳定。由定义 7－2 可知，存在时刻 T^*，使得 $t>T^*$ 时 $x(t)\equiv 0$。

证毕。

7.2　有限时间状态反馈控制

7.2.1　系统解耦

由于模型中输入存在耦合,不利于控制器设计。这里我们采用 R. O. Sber 提出的解耦方法[125]对 VTOL 飞行器模型进行输入解耦。令

$$\begin{cases} z_1 = x_1 - \varepsilon \sin x_5 \\ z_2 = \dot{x}_1 - \varepsilon \cos x_5 \cdot x_6 \\ z_3 = x_3 + \varepsilon(\cos x_5 - 1) \\ z_4 = \dot{x}_3 - \varepsilon \sin x_5 \cdot x_6 \\ z_5 = x_5 \\ z_6 = x_6 \end{cases} \tag{7-6}$$

则系统式(7-1)表示为

$$\begin{cases} \dot{z}_1 = z_2 \\ \dot{z}_2 = -\overline{u}_1 \sin z_5 \\ \dot{z}_3 = z_4 \\ \dot{z}_4 = \overline{u}_1 \cos z_5 - g \\ \dot{z}_5 = z_6 \\ \dot{z}_6 = u_2 \end{cases} \tag{7-7}$$

其中

$$\overline{u}_1 = u_1 - \varepsilon x_6^2 \tag{7-8}$$

为新的输入。

对于解耦后的系统式(7-7),基于系统分解方法[125],将其分解为两个子系统

$$\begin{cases} \dot{z}_1 = z_2 \\ \dot{z}_2 = -\overline{u}_1 \sin z_5 \\ \dot{z}_3 = z_4 \\ \dot{z}_4 = \overline{u}_1 \cos z_5 - g \end{cases} \tag{7-9}$$

$$\begin{cases}\dot{z}_5=z_6\\ \dot{z}_6=u_2\end{cases}\tag{7-10}$$

第一个子系统由 4 个方程构成,控制输入为 $\bar{u}_1$,将滚动角 z_5 当作虚拟输入,用 z_{5d}表示;第二个子系统由 2 个方程构成,控制输入为 u_2。设计思路为先设计控制律 $\bar{u}_1$ 和 z_{5d}控制第一个子系统;然后设计控制律 u_2,使得 z_5 在有限时间内快速收敛于 z_{5d}。

为了简化系统式(7-9),定义

$$\begin{cases}r_1=-\bar{u}_1\sin z_{5d}\\ r_2=\bar{u}_1\cos z_{5d}+g\end{cases}\tag{7-11}$$

式中,r_1、r_2 为辅助控制变量。进而可得

$$\bar{u}_1=\sqrt{r_1^2+(r_2+g)^2},z_{5d}=\arctan\left(\frac{-r_1}{r_2+g}\right)\tag{7-12}$$

由式(7-8)可得

$$u_1=\sqrt{r_1^2+(r_2+g)^2}+\varepsilon x_6^2\tag{7-13}$$

利用式(7-11),当 $z_5=z_{5d}$时,式(7-9)可化为

$$\begin{cases}\dot{z}_1=z_2\\ \dot{z}_2=r_1\\ \dot{z}_3=z_4\\ \dot{z}_4=r_2\end{cases}\tag{7-14}$$

7.2.2 状态反馈控制器设计

基于解耦后的子系统式(7-10)和式(7-14),采用有限时间控制方法设计了有限时间状态反馈控制律,使得 VTOL 飞行器系统在有限时间内稳定地完成跟踪任务。

令期望轨迹为(z_{1d},z_{2d}),轨迹跟踪目标为 $z_1\to z_{1d}$,$z_3\to z_{2d}$,同时保证 $z_5\to z_{5d}$稳定。

定义跟踪误差变量

$$\begin{cases}e_1=z_1-z_{1d}\\ e_2=z_2-\dot{z}_{1d}\\ e_3=z_3-z_{2d}\\ e_4=z_4-\dot{z}_{2d}\end{cases}\tag{7-15}$$

结合式(7-14)和式(7-15)得到跟踪误差子系统

$$\begin{cases}\dot{e}_1=e_2\\ \dot{e}_2=r_1-\ddot{z}_{1d}\\ \dot{e}_3=e_4\\ \dot{e}_4=r_2-\ddot{z}_{2d}\end{cases}\tag{7-16}$$

定义误差变量

$$\begin{cases}e_5=z_5-z_{5d}\\ e_6=z_6-\dot{z}_{5d}\end{cases}\tag{7-17}$$

结合式(7-17)和式(7-10)得到跟踪误差子系统

$$\begin{cases}\dot{e}_5=e_6\\ \dot{e}_6=u_2-\ddot{z}_{5d}\end{cases}\tag{7-18}$$

至此,原系统式(7-1)的跟踪问题就转换成跟踪误差子系统式(7-16)和式(7-18)的镇定控制问题。接下来,我们分别对两个跟踪误差子系统式(7-16)和式(7-18)设计控制律。

命题7-1 对子系统式(7-16),设计有限时间控制律

$$r_1=\ddot{z}_{1d}-k_1s(\beta_1,e_1)-k_2s(\beta_2,e_2)\tag{7-19}$$

$$r_2=\ddot{z}_{2d}-k_3s(\beta_1,e_3)-k_2s(\beta_2,e_4)\tag{7-20}$$

式中,$k_1,k_2,k_3,k_4>0$,$0<\beta_1<1$,$\beta_2=\dfrac{2\beta_1}{1+\beta_1}$,$s(\cdot,\cdot)$由式(7-4)定义,则系统式(7-16)在有限时间内跟踪上给定的期望位置。

证明 将有限时间控制式(7-19)和式(7-20)代入系统式(7-16),得到闭环误差系统

$$\begin{cases}\dot{e}_1=e_2\\ \dot{e}_2=-k_1s(\beta_1,e_1)-k_2s(\beta_2,e_2)\\ \dot{e}_3=e_4\\ \dot{e}_4=-k_3s(\beta_1,e_3)-k_4s(\beta_2,e_4)\end{cases}\tag{7-21}$$

显然,由引理7-2可得,闭环系统式(7-21)是全局有限时间稳定的。因此存在时间T_1,使得当$t>T_1$时,$e_1=0$,$e_2=0$,$e_3=0$,$e_4=0$,即系统在有限时间内跟踪上给定的期望位置。

命题7-2 对子系统式(7-18),设计有限时间控制律

$$u_2=\ddot{z}_{5d}-k_5s(\beta_3,e_5)-k_6s(\beta_4,e_6)\tag{7-22}$$

式中,$k_5,k_6>0$,$0<\beta_1<1$,$\beta_4=\dfrac{2\beta_3}{1+\beta_3}$,$s(\cdot,\cdot)$由式(7-4)定义,则系统式

(7－18)在有限时间内跟踪上给定的期望位置。

证明 将有限时间控制律式(7－22)代入系统式(7－18)得到闭环误差系统

$$\begin{cases} \dot{e}_5 = e_6 \\ \dot{e}_6 = -k_5 s(\beta_3, e_5) - k_6 s(\beta_4, o_6) \end{cases} \tag{7-23}$$

由引理7－2可得,闭环系统式(7－23)是有限时间稳定的。因此,存在有限时间 $T_2(T_2 < T_1)$,使得当 $t > T_2$ 时,$e_5 = 0$,即 $z_5 = z_{5d}$,z_5 快速收敛到 z_{5d}。

结合命题7－1和命题7－2可得如下结论。

定理7－1 对于VTOL飞行器系统式(7－7),对于给定期望跟踪轨迹(z_{1d},z_{2d}),如果采用有限时间状态反馈控制律

$$\begin{cases} \boldsymbol{u} = (\bar{u}_1, u_2)^{\mathrm{T}} \\ \bar{u}_1 = \sqrt{r_1^2 + (r_2 + g)^2} \\ u_2 = \ddot{z}_{5d} - k_5 s(\beta_3, e_5) - k_6 s(\beta_4, e_6) \end{cases} \tag{7-24}$$

式中,r_1 和 r_2 分别由式(7－19)和式(7－20)定义,$s(\cdot,\cdot)$由式(7－4)定义,则闭环误差跟踪系统是全局有限时间稳定的,即 $z_1 \to z_{1d}$,$z_2 \to \dot{z}_{1d}$,$z_3 \to z_{2d}$,$z_4 \to \dot{z}_{2d}$,$z_5 \to z_{5d}$。

注7－2 大多数有限时间控制器闭环系统具有负的齐次度,这是有限时间控制器在原点附近收敛的关键,但是同时也降低了系统远离原点时的收敛速度。本书的有限时间收敛控制器中采用 $s(\cdot,\cdot)$函数。$s(\cdot,\cdot)$具有切换结构,当状态远离原点时,能够保证系统指数稳定;当状态邻近原点时,控制器切换为有限时间控制,保证系统有限时间收敛。这样就解决了上述收敛速度问题,同时也保证了旋转子系统收敛速度高于平移子系统。

7.3 有限时间输出反馈控制

在上节提出的控制器设计中,我们假设所有状态(z_1,z_2,z_3,z_4,z_5,z_6)都是可以获取的。然而,在实际情况下,有些状态是不可测量的,例如速度(z_2,z_4,z_6),这使得定理7－1中设计的控制器无法实现。为了解决上述问题,本节设计用于估计系统状态(z_2,z_4,z_6)的有限时间快速收敛观测器,基于该观测器设计了有限时间输出反馈控制器。

定理7－2 对于VTOL飞行器系统式(7－7),如果采用有限时间输出反馈

控制器

$$\boldsymbol{u}=\boldsymbol{u}(z_1,\hat{z}_2,z_3,\hat{z}_4,z_5,\hat{z}_6) \tag{7-25}$$

以上控制器是将式(7-24)中的不可测量状态 z_2、z_4、z_6 分别用 $\hat{z}_2$、$\hat{z}_4$、$\hat{z}_6$ 替代得到的；$\hat{z}_2$、$\hat{z}_4$、$\hat{z}_6$ 为不可测量状态 z_2,z_4,z_6 的相应估计值，由以下有限时间观测器产生。

$$\begin{cases}\dot{\hat{z}}_1=\hat{z}_2\\ \dot{\hat{z}}_2=-u_1\sin z_5+\varepsilon\hat{z}_6^2\sin z_5+s(\alpha_1,z_1-\hat{z}_1)+s(\alpha_2,z_2-\hat{z}_2)\\ \dot{\hat{z}}_3=z_4\\ \dot{\hat{z}}_4=u_1\cos z_5-\varepsilon\hat{z}_6^2\sin z_5-g+s(\alpha_1,z_3-\hat{z}_3)+s(\alpha_2,z_4-\hat{z}_4)\\ \dot{\hat{z}}_5=z_6\\ \dot{\hat{z}}_6=u_2+s(\alpha_1,z_5-\hat{z}_5)+s(\alpha_2,z_6-\hat{z}_6)\end{cases} \tag{7-26}$$

式中，$0<\alpha_1<1$，$\alpha_2=\dfrac{2\alpha_1}{1+\alpha_1}$，$s(\cdot,\cdot)$由式(7-4)定义，则闭环跟踪误差系统是全局有限时间稳定的。

证明　由于状态反馈控制律式(7-24)中状态 $\hat{z}_2$、$\hat{z}_4$、$\hat{z}_6$ 不可测量，我们采用有限时间观测器式(7-26)产生的状态估计 $\hat{z}_2$、$\hat{z}_4$、$\hat{z}_6$ 来实现有限时间输出反馈控制律

$$\begin{cases}\bar{u}_1=\sqrt{\hat{r}_1^2+(\hat{r}_2+g)^2}\\ u_2=\ddot{\hat{z}}_{5d}-k_5s(\beta_3,\hat{e}_5)-k_6s(\beta_4,\hat{e}_6)\end{cases} \tag{7-27}$$

式中

$$\hat{r}_1=\ddot{z}_{1d}-k_1s(\beta_1,e_1)-k_2s(\beta_2,\hat{e}_2)$$

$$\hat{r}_2=\ddot{z}_{2d}-k_3s(\beta_1,e_3)-k_2s(\beta_2,\hat{e}_4)$$

$$\hat{e}_4=\hat{z}_4-\dot{z}_{2d}$$

$$\hat{e}_5=z_5-\hat{z}_{5d}$$

$$\hat{e}_6=\hat{z}_6-\dot{\hat{z}}_{5d}$$

$$\hat{z}_{5d}=z_{5d}(z_1,\hat{z}_2,z_3,\hat{z}_4)$$

接下来，我们将证明状态 z_2、z_4、z_6 在有限时间内分别由$\hat{z}_2$、$\hat{z}_4$、$\hat{z}_6$ 恢复。

首先，考虑用于估计 z_6 的观测器

$$\begin{cases}\dot{\hat{z}}_5=z_6\\ \dot{\hat{z}}_6=u_2+s(\alpha_1,z_5-\hat{z}_5)+s(\alpha_2,z_6-\hat{z}_6)\end{cases} \tag{7-28}$$

定义误差变量 $\sigma_5 = z_5 - \hat{z}_5, \sigma_6 = z_6 - \hat{z}_6$，由式(7-10)和式(7-28)可得观测误差系统

$$\begin{cases} \dot{\sigma}_5 = \sigma_6 \\ \dot{\sigma}_6 = -s(\alpha_1, \sigma_5) - s(\alpha_2, \sigma_6) \end{cases} \tag{7-29}$$

显然，由引理7-2可得，闭环系统式(7-29)是全局有限时间稳定的，因此存在时间 T_1^*，使得当 $t > T_1^*$ 时，$\sigma_5 = 0, \sigma_6 = 0$，即 $x_6 = \hat{x}_6$。

然后，考虑用于估计 z_2 的观测器

$$\begin{cases} \dot{\hat{z}}_1 = \hat{z}_2 \\ \dot{\hat{z}}_2 = -u_1 \sin z_5 + \varepsilon \hat{z}_6^2 \sin z_5 + s(\alpha_1, z_1 - \hat{z}_1) + s(\alpha_2, z_2 - \hat{z}_2) \end{cases} \tag{7-30}$$

定义误差变量 $\sigma_1 = z_1 - \hat{z}_1, \sigma_2 = z_2 - \hat{z}_2$，由式(7-9)和式(7-30)可得观测误差系统

$$\begin{cases} \dot{\sigma}_1 = \sigma_2 \\ \dot{\sigma}_2 = \varepsilon \sin z_5 (z_6^2 - \hat{z}_6^2) - s(\alpha_1, \sigma_1) - s(\alpha_2, \sigma_2) \end{cases} \tag{7-31}$$

由于当 $t > T_1^*$ 时，$x_6 = \hat{x}_6$，因此，当 $t > T_1^*$ 时，观测误差系统式(7-30)变为

$$\begin{cases} \dot{\sigma}_1 = \sigma_2 \\ \dot{\sigma}_2 = -s(\alpha_1, \sigma_1) - s(\alpha_2, \sigma_2) \end{cases} \tag{7-32}$$

再次应用引理7-2可得，闭环系统式(7-31)是全局有限时间稳定的。因此，存在时间 T_2^* ($T_2^* > T_1^*$)，使得当 $t > T_2^*$ 时，$x_2 = \hat{x}_2, x_6 = \hat{x}_6$。

最后，考虑用于估计 z_4 的观测器

$$\begin{cases} \dot{\hat{z}}_3 = z_4 \\ \dot{\hat{z}}_4 = u_1 \cos z_5 - \varepsilon \hat{z}_6^2 \sin z_5 - g + s(\alpha_1, z_3 - \hat{z}_3) + s(\alpha_2, z_4 - \hat{z}_4) \end{cases} \tag{7-33}$$

同样地，定义误差 $\sigma_3 = z_3 - \hat{z}_3, \sigma_4 = z_4 - \hat{z}_4$，则有观测误差系统

$$\begin{cases} \dot{\sigma}_3 = \sigma_4 \\ \dot{\sigma}_4 = -\varepsilon \cos z_5 (z_6^2 - \hat{z}_6^2) - s(\alpha_1, \sigma_3) - s(\alpha_2, \sigma_4) \end{cases} \tag{7-34}$$

注意当 $t > T_2^*$ 时，$x_2 = \hat{x}_2, x_6 = \hat{x}_6$。因此，当 $t > T_2^*$ 时，有

$$\begin{cases} \dot{\sigma}_3 = \sigma_4 \\ \dot{\sigma}_4 = -s(\alpha_1, \sigma_3) - s(\alpha_2, \sigma_4) \end{cases} \tag{7-35}$$

显然，由引理7-2可得，闭环系统式(7-33)是全局有限时间稳定的。因此，存在时间 T_3^* ($T_3^* > T_2^*$)，使得当 $t > T_3^*$ 时，有 $x_2 = \hat{x}_2, x_4 = \hat{x}_4, x_6 = \hat{x}_6$。

因此，对于 $t > T_3^*$，有限时间输出反馈控制器式(7-27)完全等同于有限时间状态反馈控制器式(7-24)，从而由定理7-1可得，闭环跟踪误差系统全局

有限时间稳定。

7.4 仿真结果

为验证本书所提控制算法的有效性，在 MATLAB/Simulink 环境下进行了 VTOL 飞行器轨迹跟踪仿真实验。仿真采用输出反馈控制器式(7－27)，设定期望轨迹为圆形：$y_{d1}=3\cos(0.2t)$，$y_{d2}=3\sin(0.2t)$，模型耦合参数为 $\varepsilon=0.5$，飞行器系统初始状态为 $\boldsymbol{x}(0)=[2\quad 0.01\quad 1\quad 0.01\quad 0.05\quad 0]^{\mathrm{T}}$，控制器参数为 $\beta_1=\frac{3}{5}$，$\beta_2=\frac{3}{4}$，$\beta_3=\frac{4}{5}$，$\beta_4=\frac{8}{9}$，$k_1=k_2=1$，$k_3=k_4=1$，$k_5=1.5$，$k_6=1.5$。

本章控制器仿真结果如图 7－1 至图 7－4 所示。图 7－1 为 VTOL 飞行器输出轨迹跟踪曲线。图 7－2 为 VTOL 飞行器滚转角及其角速度变化曲线。由图 7－1 和图 7－2 可以看出 VTOL 飞行器能够快速、准确地跟踪上给定期望轨迹，同时保证滚转角在 4 s 内收敛到零。图 7－3 为 VTOL 飞行器位置跟踪曲线，可以看出飞行器实际位置能在 3 s 内跟踪上给定期望位置，动态响应快。图 7－4 为 VTOL 飞行器控制输入曲线，可以看出控制器响应迅速、稳定收敛。上述结果表明，本章设计的控制器具有良好的动态性能和稳态性能，跟踪效果良好。

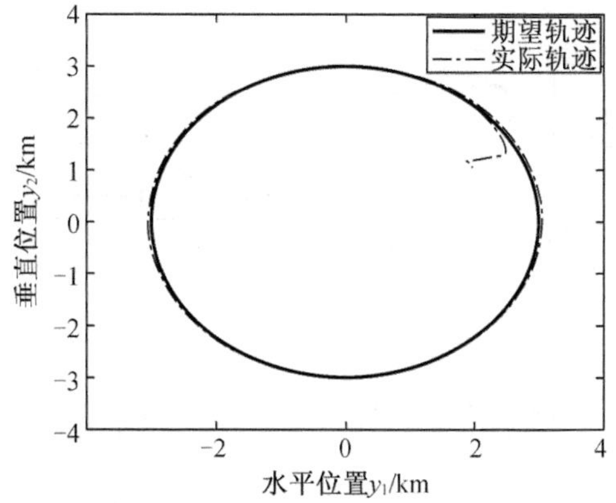

图 7－1　VTOL 飞行器输出轨迹跟踪曲线

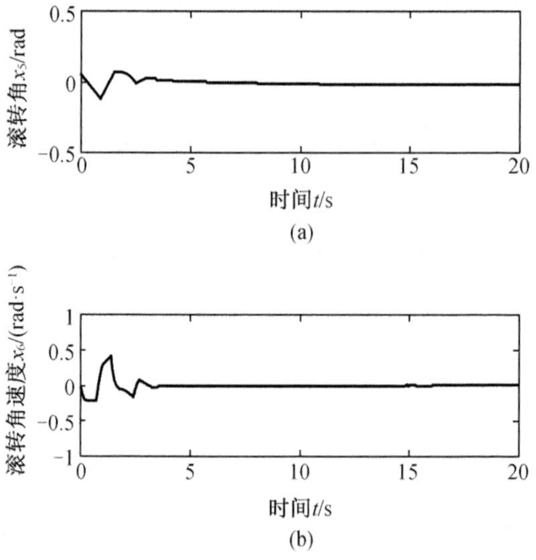

图 7－2　VTOL 飞行器滚转角及其角速度变化曲线

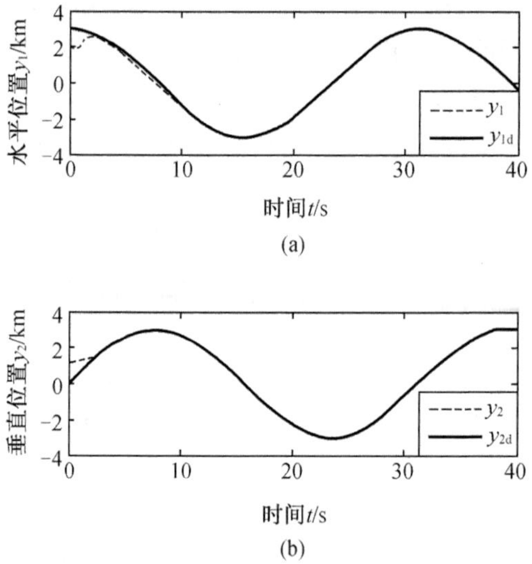

图 7－3　VTOL 飞行器位置跟踪曲线

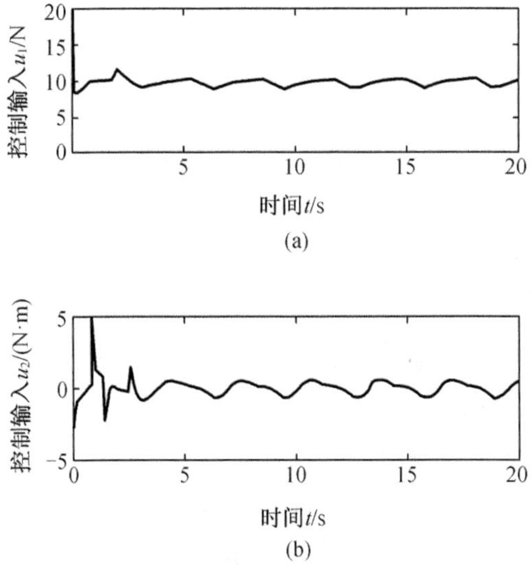

图7－4　VTOL飞行器控制输入曲线

7.5　本章小结

考虑无速度测量情况下的VTOL飞行器的轨迹跟踪问题，本章提出一种基于有限时间控制的输出反馈控制方案。首先，基于系统解耦方法将原系统解耦成两个子系统。对解耦后系统，利用有限时间控制方法设计了有限时间状态反馈控制律。大多数有限时间控制器都存在一个问题：仅保证系统在原点附近时有限时间收敛，而远离原点时收敛速度缓慢。本章提出的有限时间控制器包含切换函数$s(\cdot)$，能够保证系统在任何位置都快速收敛，克服了原有的问题。然后，考虑无速度测量情况下的轨迹跟踪问题，提出了有限时间快速收敛观测器用于估计速度变量，进而基于有限时间快速收敛观测器，设计了有限时间输出反馈控制器。该控制器解决了部分状态（速度）无法测量情况下的飞行器控制问题，并且保证飞行器系统在有限时间内收敛。最后的仿真结果表明该控制器表现出良好的控制性能。

结　论

VTOL 飞行器是近年来发展迅速的一类新型飞行器,集固定翼飞机与直升机的优异性能于一体,适用于执行复杂任务。作为保证 VTOL 飞行器系统控制系统设计的关键技术,控制技术是 VTOL 飞行器领域研究的难点和重点。本书在深入分析 VTOL 飞行器动态特性的基础上,对 VTOL 飞行器垂直起降阶段跟踪控制若干问题展开研究,主要创新性成果如下:

(1)基于自适应 I&I 的 VTOL 飞行器轨迹跟踪控制。

针对 VTOL 飞行器系统输入存在不确定性干扰时的轨迹跟踪问题,提出了一种将自适应 I&I 与滑模变结构控制方法相结合的控制方案。该方案采用自适应 I&I 干扰估计律对干扰进行实时估计,通过选取合适的补偿函数,保证干扰误差估计系统指数收敛,实现了对干扰的自适应 I&I 估计。基于自适应 I&I 干扰估计律和滑模控制方法,设计了鲁棒跟踪控制器。利用 Lyapunov 稳定性理论证明了闭环系统的稳定性。在输入受扰情况下,该控制器能够保证 VTOL 飞行器系统输出快速、稳定地跟踪给定参考轨迹,仿真结果表明自适应 I&I 估计律在估计精度和收敛速度方面明显优于传统自适应估计方法。

(2)基于非线性干扰观测器的 VTOL 飞行器轨迹跟踪控制。

针对 VTOL 飞行器系统输入存在不确定干扰时轨迹跟踪控制问题,提出了一种将非线性干扰观测器、最优控制和滑模变结构控制方法相结合的控制方案。该方案首先应用系统解耦方法将原系统解耦成两个子系统。采用控制 + 补偿设计思路,设计了非线性干扰观测器,实现了对输入干扰的精确估计;通过设计合适的观测器增益函数,保证观测误差系统指数收敛。提出了基于非线性干扰观测器的跟踪控制器,实现了在输入存在干扰情况下 VTOL 飞行器对给定期望轨迹的跟踪控制,有效地提高了系统对输入干扰的抑制能力。

(3)VTOL 飞行器视觉伺服定位控制。

采用视觉伺服控制方法解决了 VTOL 飞行器的定点降落问题,基于李惠光教授提出的双目视觉伺服模型,提出了一种新的基于图像的视觉伺服控制方法。利用机载摄像头获取图像信息,基于反步法设计了视觉伺服控制器,引导 VTOL 飞行器定点降落在期望位置。由于所采用的双目视觉模型可以获取目标点的深度信息,因此可以利用单点目标对 VTOL 飞行器进行定点控制,从而克服了单目视觉系统中需要对目标点深度信息测量或估计的缺点,避免了深度估计误差对系统控制精度的影响,改善了控制器的控制性能。利用 Lyapunov 理论证明了在所提出控制器作用下 VTOL 飞行器闭环系统渐近稳定,图像误差最终收敛为零,实现了基于图像的视觉伺服控制。

(4) VTOL 飞行器有限时间输出反馈控制。

针对 VTOL 飞行器系统部分状态(如速度)难以实时、准确测量的问题,提出了基于有限时间观测器技术的输出反馈控制方案。基于有限时间控制理论设计了有限时间观测器,对难以实时、准确测量的状态进行在线估计以重构全状态反馈控制系统;基于所设计的观测器,将状态估计值在所设计的控制器中进行补偿,利用有限时间控制方法设计了有限时间输出反馈控制律,保证了闭环系统在有限时间内收敛,改善了系统的收敛速度,同时完成了系统的无速度测量控制,增强了系统的稳定性。

综上所述,本书对 VTOL 飞行器跟踪控制方法设计中的若干关键问题进行了深入研究,取得的创新性成果为控制系统设计的关键技术突破做出了积极的理论探索。尽管本课题获得了一些研究成果,但仍有许多问题待解决,还需要在以下几个方面进一步开展研究:

(1)本书所提出的 VTOL 飞行器系统控制器设计方法,均假定系统始终正常运行,然而现实中执行器经常会发生故障,后续研究工作还应考虑执行器发生故障等意外情况时,开展容错控制器的设计研究工作,以使 VTOL 飞行器控制方案更加全面、完善。

(2)本书所提出的 VTOL 飞行器系统控制器设计方法假定执行器未发生饱和情况,现实中执行器饱和现象时有发生,今后还应考虑当执行器发生饱和时的抗饱和控制器设计工作。

(3)本书借助仿真软件验证了所提出的控制方案,后续还需要在 VTOL 飞行器系统实验平台中进行实验验证。

参考文献

[1] KAYACAN E, MASLIM R. Type-2 fuzzy logic trajectory tracking control of quadrotor VTOL aircraft with elliptic membership functions[J]. IEEE/ASME Transactions on Mechatronics, 2017, 22(1): 339-348.

[2] PRACH A, KAYACAN E. An MPC-based position controller for tilt-rotor tricopter VTOL UAV[J]. Optimal Control Applications & Methods, 2018, 39(4): 343-356.

[3] WANG X D, FEI Z Y, YU J Y, et al. Passivity-based event-triggered fault tolerant control for VTOL with actuator failure and parameter uncertainties[J]. International Journal of Systems Science, 2019, 50(4): 817-828.

[4] ZOU Y, MENG Z Y. Coordinated trajectory tracking of multiple vertical take-off and landing UAVs[J]. Automatica, 2019, 99: 33-40.

[5] GUO K X, GENG Z Y. Full state tracking and formation control for under-actuated VTOL UAVs[J]. IEEE Access, 2019, 7: 3755-3766.

[6] NALDI R, FURCI M, SANFELICE R, et al. Global trajectory tracking for underactuated VTOL aerial vehicles using cascade control paradigms[C]. IEEE Conference on Decision and Control, 2013: 4212-4217.

[7] RIADH B R, ABDELHAMID T, Mohamed T. Adaptive trajectory tracking control for VTOL-UAVs with unknown inertia, gyro-bias, and actuator LOE[J]. International Journal of Robust and Nonlinear Control, 2018, 28(17): 5247-5261.

[8] MAIER M, OESCHGER A, KONDAK K. Robot-assisted landing of VTOL UAVs: design and comparison of coupled and decoupling linear state-space control approaches[J]. IEEE Robotics and Automation Letters, 2016, 1(1): 114-121.

[9] LIAO F, TEO R, WANG J L, et al. Distributed formation and reconfiguration control of VTOL UAVs[J]. IEEE Transactions on Control Systems Technology,

2017,25(1): 270-277.

[10] LI B Y,ZHOU W F,SUN J X,et al. Development of model predictive controller for a tail-sitter VTOL UAV in hover flight[J]. Sensor,2018,18(9): 1-21.

[11] ABDESSAMEUD A,TAYEBI A. Global trajectory tracking control of VTOL-UAVs without linear velocity measurements[J]. Automatica,2010,46(6): 1053-1059.

[12] KABIRI M,ATRIANFAR H,MENHAJ M B. Formation control of VTOL UAV vehicles under switching directed interaction topologies with disturbance rejection[J]. International Journal of Control,2016: 1-20.

[13] WHIDBORNE J F,COOKE A K. Gust rejection properties of VTOL multirotor aircraft[J]. IFAC-PapersOnline,2017,50(2): 175-180.

[14] TYAN M,NGUYEN N V,KIM S,et al. Comprehensive preliminary sizing/resizing method for a fixed-wing VTOL electric UAV[J]. Aerospace Science & Technology,2017,71: 30- 41.

[15] 刘凯,叶赋晨. VTOL 飞行器的发展动态和趋势分析[J]. 航空工程进展,2015,6(2): 127-138.

[16] 索德军,梁春华,张世福,等. S/VTOL 战斗机及其推进系统的技术研究[J]. 航空发动机,2014,40(4): 7-13.

[17] 刘帅. 短/垂起降飞机用推进系统性能模拟及三轴承偏转喷管设计技术研究[D]. 西安: 西北工业大学,2016.

[18] 许景辉,马贺,周建峰,等. 倾转三旋翼垂直起降无人机悬停姿态控制[J]. 农业机械学报,2018,49(10): 16-22.

[19] 陈胜,华容,冀宝林. 双涵道倾转垂直起降飞行器模型与系统研究[J]. 航天控制,2018,35(1): 31-36.

[20] 张红梅,刘昌镇,徐光延. 一种新型垂直起降无人机纵向控制系统的研究[J]. 火力与指挥控制,2018,43(11): 53-57.

[21] HAUSER J,SASTRY S,MEYER G. Nonlinear control design for slightly non-minimum phase systems: application to V/STOL aircraft[J]. Automatica,1992,28(4): 665-679.

[22] MARTIN P,DEVASIA S,PADEN B. A different look at output tracking: control of VTOL aircraft[J]. Automatica,1996,32(1): 101-107.

[23] NALDI R,FURCI M,SANFELICE R G,et al. Robust global trajectory

tracking for underactuated VTOL aerial vehicles using inner-outer loop control paradigms [J]. IEEE Transactions on Automatic Control, 2017, 62 (1): 97-112.

[24] HOU S X, LING R. Tracking control for underactuated VTOL aircraft [C]. IEEE 2017 29thChinese Control and Decision Conference, 2017: 1646-1650.

[25] 刘盛平,陆震,吴立成. 垂直起降飞机的全局轨迹跟踪控制[J]. 控制与决策,2007,22(8): 899-902.

[26] AGUILAR-IBANEZ C, SUAREZ-CASTANON M S, MENDOZA-MENDOZA J, et al. Output-feedback stabilization of the PVTOL aircraft system based on an exact differentiator [J]. Journal of Intelligent & Robotic Systems, 2018, 90 (3- 4): 443- 454.

[27] CZYBA R, LEMANOWICZ M, GOROL Z, et al. Construction prototyping, flight dynamics modeling, and aerodynamic analysis of hybrid VTOL unmanned aircraft [J]. Journal of Advanced Transportation, 2018, 2018: 1-15.

[28] 施征. Yak-141 Freestyle 生不逢时的雅克-141 超音速垂直起降舰载战斗机[J]. 舰载武器,2003(4): 68-71.

[29] 熊佳. 美国海军早期垂直起降飞机[J]. 舰载武器,2004(3): 67-72.

[30] 张建都,邓戈,郭志. 直冲霄汉:美国 F-35B 短距/垂直起降战斗机[J]. 现代兵器,2005(8): 9-11.

[31] 陈位昊. 纳粹德国 VTOL 飞机[J]. 国防展望,2005(5): 52-61.

[32] ARMSTRONG. 法国立式垂直起降旋翼机的研制始末[J]. 航空世界, 2013(4): 26-31.

[33] 杨青运. 具有输入饱和的近空间飞行器鲁棒控制[D]. 南京: 南京航空航天大学,2016.

[34] 都延丽. 近空间飞行器姿态与轨迹的非线性自适应控制研究[D]. 南京: 南京航空航天大学,2012.

[35] REHMAN O U, PETERSEN I R, FIDAN B. Feedback linearization-based robust nonlinear control design for hypersonic flight vehicles [J]. Proceedings of the Institution of Mechanical Engineers, Part I: Journal of Systems and Control Engineering, 2013, 227(1): 3-11.

[36] 陈谋,邹庆元,姜长生,等. 基于神经网络干扰观测器的动态逆飞行控制[J]. 控制与决策,2008,23(3):283-287.

[37] MACKUNIS W,PATRE P M,KAISER M K,et al. Asymptotic tracking for aircraft via robust and adaptive dynamic inversion methods[J]. IEEE Transactions on Control Systems Technology,2010,18(6):1448-1456.

[38] YE L,ZONG Q,CRASSIDIS J L,et al. Output redefinition-based dynamic inversion control for a nonminimum phase hypersonic vehicle[J]. IEEE Transactions on Industrial Electronics,2017,65(4):3447-3457.

[39] LUNGU R,LUNGU M. Application of H_2/H_∞ and dynamic inversion techniques to aircraft landing control[J]. Aerospace Science and Technology,2015,46:146-158.

[40] KANELLAKOPOULOS I,KOKOTOVIC P V,Morse A S. Systematic design of adaptive controllers for feedback linearizable systems [J]. IEEE Transactions on Automatic Control,1991,36(11):1241-1253.

[41] 蒲明. 近空间飞行器鲁棒自适应滑模控制[D]. 南京:南京航空航天大学,2010.

[42] JIANG Z P,HILL D J. A ROBUST ADAPTIVE BACKSTEPPING SCHEME FOR NONLINEAR SYSTEMS WITH UNMODELED DYNAMICS[J]. IEEE Transactions on Automatic Control,1999,44(9):1705-1711.

[43] 吴忻生,胡跃明,孙剑. 非匹配不确定系统的显式反步变结构控制[J]. 控制与决策,2002,17(s):648-653.

[44] 程代展,洪奕光,秦化淑. 多输入非线性系统后推型[J]. 控制理论与应用,1998,15(6):824-830.

[45] GE S S,WANG C. Adaptive neural control of uncertain MIMO nonlinear systems[J]. IEEE Transactions on Neural Networks,2004,15(3):674-692.

[46] ZHOU S S,FENG G,FENG C B. Robust control for a class of uncertain nonlinear system:adaptive fuzzy approach based on backstepping[J]. Fuzzy Sets and Systems,2005,151(1):1-20.

[47] SWAROOP S,HEDRICK J K,YIP P P,et al. Dynamic surface control for a class of nonlinear systems [J]. IEEE Transactions on Automatic Control,2000,45(10):1893-1899.

[48] 李俊. 机床磁悬浮主轴的非线性反演自适应控制[J]. 机床与液压,2000,

163(1):28-29.

[49] ZHOU H L,LIU Z Y. Vehicle yaw stability-control system design based on sliding mode and Backstepping control approach[J]. IEEE Transactions on Vehicular Technology,2010,59(7):3674-3678.

[50] LI J H,LEE P M. A neural network adaptive controller design for free-pitch-angle diving behavior of an autonomous underwater vehicle[J]. Robotics and Autonomous Systems,2005,52(2,3):132-144.

[51] LEE T Y,KIM Y D. Nonlinear adaptive flight control using Backstepping and neural networks controller[J]. Journal of Guidance,Control and Dynamics,2001,24(4):675-682.

[52] AGUILAR-IBANEZ C,SOSSA-AZUELA J H,SUAREZ-CASTANON M S. A backstepping based procedure with saturation functions to control the PVTOL systems[J]. Nonlinear Dynamics,2016,83(3):1247-1257.

[53] 董文瀚,孙秀霞,林岩. 飞机纵向运动模型参考反推自适应 PID 控制[J]. 控制与决策,2007,22(8):853-858.

[54] 袁瑞侠,刘金琨. 欠驱动 VTOL 飞行器的位置反馈动态面控制[J]. 系统工程与电子技术,2014,36(11):2266-2271.

[55] 刘盛平,陆震,吴立成. 欠驱动 VTOL 空间飞行器系统的非线性跟踪控制[J]. 系统仿真学报,2006,18(2):735-737.

[56] ITIKIS U. Control systems of variable structure[M]. New York:Halsted Press,1976.

[57] SHTESSEL Y,EDWARDS C,FRIDMAN L,et al. Sliding mode control and observation[M]. Birkhäuser,2014.

[58] SHAH M Z,SAMAR R,BHATTI A I. Guidance of air vehicles: a sliding mode approach[J]. IEEE Transactions on Control Systems Technology,2015,23(1):231-244.

[59] WANG J,ZONG Q,SU R,et al. Continuous high order sliding mode controller design or a flexible air-breathing hypersonic vehicle[J]. ISA transactions,2014,53(3):690-698.

[60] 王元超,孙辉. 基于 VTOL 飞行器的滑模控制器设计[J]. 计算机测量与控制,2016,24(6):102-105.

[61] 侯明东,徐国钰,尹四倍. 基于非线性速度观测器的欠驱动 VTOL 滑模控

制[J]. 齐鲁工业大学学报,2016,30(3):59-65.

[62] AGUILAR-IBANEZ C. Stabilization of a PVTOL aircraft based on sliding mode and a saturation function[J]. International Journal of Robust and Nonlinear Control,2017,27(5):843-859.

[63] 蒲明,吴庆宪,姜长生,等. 基于二阶动态 Terminal 滑模的近空间飞行器控制[J]. 宇航学报,2010,31(4):1056-1062.

[64] 傅健,吴庆宪,姜长生,等. 连续非线性系统的滑模鲁棒正不变集控制[J]. 自动化学报,2011,37(11):1395-1401.

[65] 姜长生,吴庆宪,孙隆和,等. 系统理论与鲁棒控制[M]. 北京:航空工业出版社,1998.

[66] QIN W,LIU J,LIU G,et al. Robust parameter dependent receding horizon H_∞ control of flexible air-breathing hypersonic vehicles with input constraints[J]. Asian Journal of Control,2015,17(2):508-522.

[67] 张军. 近空间飞行器非线性不确定飞行运动的鲁棒自适应控制[D]. 南京:南京航空航天大学,2009.

[68] 程路. 近空间飞行器鲁棒自适应协调控制研究[D]. 南京:南京航空航天大学,2011.

[69] CHEN F,WANG Z,TAO G,et al. Robust adaptive fault-tolerant control for hypersonic flight vehicles with multiple faults[J]. Journal of Aerospace Engineering,2014,28(4):4101-4111.

[70] LYU X M,ZHOU J N,GU H W. Disturbance observer based hovering control of quadrotor tail-sitter VTOL UAVs using H_∞ synthesis[J]. IEEE Robotics and Automation Letters,2018,3(4):2910-2917.

[71] ZHU B,WANG H,CAI K Y. Approximate trajectory tracking of input-disturbed PVTOL aircraft with delayed attitude measurements[J]. International Journal of Robust and Nonlinear Control,2010,20(14):1610-1621.

[72] AL-HIDDABI S A,MCCLAMROCH N H. Output tracking for non-linear non-minimum phase VTOL aircraft[C]. Proceedings of the 37th IEEE Conference on Decision & Control,1998:4573-4578.

[73] 刘超,雒东超,张文星,等. 垂直/短距起降飞机的控制仿真技术[J]. 飞行力学,2017,35(5):40-43+52.

[74] WOOD R,CAZZOLATO B. An alternative nonlinear control law for the global

stabilization of the PVTOL vehicle [J]. IEEE Transactions on Automatic Control,2007,52(7):1282-1287.

[75] 惠俊军,张合新,陈伊,等.基于时滞分割方法的 VTOL 直升机鲁棒非脆弱 H_∞ 控制[J].导航定位与授时,2016,3(6):33-39.

[76] 刘东辉,奚乐乐,孙晓云.矢量拉力垂直起降无人机姿态纵向控制研究[J].计算机工程与应用,2017,53(1):260-264.

[77] HUANG C S,YUAN K. Output tracking of a non-linear non-minimum phase PVTOL aircraft based on non-linear state feedback[J]. International Journal of Control,2002,75(6):466- 473.

[78] WANG X H,LIU J K,CAI K Y. Tracking control for a velocity-sensorless VTOL aircraft with delayed outputs [J]. Automatica, 2009, 45 (12): 2876-2882.

[79] DO K D,JIANG Z P,PAN J. On global tracking control of a VTOL aircraft without velocity measurements[J]. IEEE Transactions on Automatic Control, 2003,48(12):2212-2217.

[80] AILON A. Control for autonomous VTOL aircraft with restricted inputs[C]. 2009 17th Mediterranean Conference on Control and Automation, 2009: 1569-1574.

[81] YE H W,WANG H,WANG H B. Stabilization of a PVTOL aircraft and an inertia wheel pendulum using saturation technique[J]. IEEE Transactions on Control Systems Technology,2007,15(6):1143-1150.

[82] 刘金琨,龚海生.有输入饱和的欠驱动 VTOL 飞行器滑模控制[J].电机与控制学报,2013,17(3):92-97.

[83] ASTOLFI A,ORTEGA R. Immersion and invariance: a new tool for stabilization and adaptive control of nonlinear systems [J]. IEEE Transactions on Automatic Control,2003,48(4):590-606.

[84] ASTOLFI A,ORTEGA R,KARAGIANNIS D. Nonlinear and adaptive control with applications[M]. London: Springer-Verlag,2008.

[85] KARAGIANNIS D, ASTOLFI A. Nonlinear adaptive control of systems in feedback form: an alternative to adaptive backstepping[J]. System & Control Letters,2008,57(9):733-739.

[86] 张晨,薛文涛,侯小燕.基于浸入与不变的无人艇航向的滑模控制[J].控

制工程,2018,25(05):943-948.

[87] 陈登义,孔繁镍,王希平.发电机的浸入与不变自适应反步鲁棒励磁控制器[J].电机与控制应用,2018,45(03):30-34.

[88] 刘柏均,侯明善,余英.带攻击角度约束的浸入与不变制导律[J].系统工程与电子技术,2018,40(05):1085-1090.

[89] 侯小燕,薛文涛,张晨.基于浸入与不变的气动弹性系统反演滑模控制[J].航天控制,2016,34(04):3-9+28.

[90] 宋超,赵国荣,盖俊峰.基于非线性干扰观测器的高超声速飞行器反演滑模控制[J].系统工程与电子技术,2012,34(6):1231-1234.

[91] CHEN W H,BALANCE D J,GWATHROP P J. A nonlinear disturbance observer for robotic manipulators[J]. IEEE Transactions on Industrial Electronics,2000,47(4):932-938.

[92] CHEN M,CHEN W H. Sliding mode control for a class of uncertain nonlinear systems based on disturbance observer[J]. International Journal of Adaptive Control and Signal Processing,2010,24(1):51-64.

[93] WANG X J,YIN X H,SHEN F. Disturbance observer based adaptive neural prescribed performance control for a class of uncertain nonlinear systems with unknown backlash-like hysteresis[J]. Neurocomputing,2018,299:10-19.

[94] LI R,CHEN M,WU Q X. Adaptive neural tracking control for uncertain nonlinear systems with input and output constraints using disturbance observer[J]. Neurocomputing,2017,235:27-37.

[95] 陈阳,马建伟.基于非线性干扰观测器的旋转导弹动态逆控制器设计[J].火力与指挥控制,2018,43(8):156-159.

[96] 陈玲玲,宋晓伟,王捷,等.下肢外骨骼系统摆动非线性干扰观测器设计[J].哈尔滨工程大学学报,2018,39(12):1994-2000.

[97] VENKATESH C,MEHRA R,FARUK K,et al. Passivity based controller for underactuated PVTOL systems[C]. IEEE International Conference on Electronics,2013:1-5.

[98] XIN M,PAN H J. Robust control of PVTOL aircraft with a nonlinear optimal control solution[J]. Journal of Aerospace Engineering Control,2010,23(4):265-275.

[99] ZAVALA-RIO A,FANTONI I,LOZANO R. Global stabilization of a PVTOL

model with bounded inputs [J]. International Journal of Control, 2003, 76 (18): 1833-1844.

[100] CHEMORI A, MARCHAND N. A prediction-based nonlinear controller for stabilization of a non-minimum phase PVTOL aircraft [J]. International Journal of Robust and Nonlinear Control, 2008, 18(8): 876-889.

[101] LARA D, PANDURO M, ROMERO G, et al. Robust control design techniques using differential evolution algorithms applied to the PVTOL[J]. Intelligent Automation & Soft Computing, 2014, 20(3): 451- 466.

[102] CHWA D. Fuzzy adaptive output feedback tracking control of VTOL aircraft with uncertain input coupling and input-dependent disturbances[J]. IEEE Transactions on Fuzzy Systems, 2015, 23(5): 1505-1518.

[103] TAO G A. A simple alternative to the Barbalat lemma[J]. IEEE Transactions on Automatic Control, 1997, 42(5): 698.

[104] SU S W, LIN Y. Robust output tracking control for a velocity-sensorless vertical take-off and landing aircraft with input disturbances and unmatched uncertainties[J]. International Journal of Robust and Nonlinear Control, 2013, 23(11): 1198-1213.

[105] ZHAO D F, LIU J K. Control of VTOL aircraft with position state constraints using the Barrier Lyapunov Function[J]. Asian Journal of Control, 2020, 22(3): 1221 – 1229.

[106] 蒋元庆, 杨浩, 姜斌. 基于级联观测器的垂直起降飞机鲁棒容错控制[J]. 信息与控制, 2015, 44(1): 76-82.

[107] WU S L, CHEN P C, HSU C H, et al. Gain-scheduled control of PVTOL aircraft dynamics with parameter-dependent disturbance[J]. Journal of the Franklin Institute, 2008, 345(8): 906-925.

[108] AILON A. Simple tracking controllers for autonomous VTOL aircraft with bounded inputs [J]. IEEE Transactions on Automatic Control, 2010, 55 (3): 737-743.

[109] WANG X H. Takeoff/landing control based on acceleration measurements for VTOL aircraft [J]. Journal of Flanklin Institute, 2013, 350 (10): 3045-3063.

[110] CHAUMETTE F, HUTCHINSON S. Visual servo control, part Ⅰ: basic

approaches[J]. IEEE Robotics and Automation Magazine, 2006, 13(4): 82-90.

[111] CHAUMETTE F, HUTCHINSON S. Visual servo control, part II: advanced approaches[J]. IEEE Robotics and Automation Magazine, 2007, 14(1): 109-118.

[112] JANANBI-SHARIFI F, DENG L F, WILSON W J. Comparison of basic visual servoing methods[J]. IEEE Transactions on Mechatronics, 2011, 16(5): 967-983.

[113] HAMEL T, MAHONY R. Visual servoing of an under-actuated dynamic rigid-body system: an image-based approach[J]. IEEE Transactions on Robotics and Automation, 2002, 18(2): 187-198.

[114] OSTROWSKI J P, TAYLOR C J. Control of a quadrotor helicopter using dual camera visual feedback[J]. International Journal of Robotics Research, 2005, 24(5): 329-341.

[115] HAMEL T, MAHONY R. Image based visual servo control for a class of aerial robotic systems[J]. Automatica, 2007, 43(11): 1975-1983.

[116] ASTOLFI A, HSU L, NETTO R, et al. Two solutions to the adaptive visual servoing problem[J]. IEEE Transactions on Robotics and Automation, 2002, 18(3): 387-392.

[117] LI H G, JIN M, ZOU L Y. A new binocular stereo visual servoing model[C]. Proceedings of IEEE Pacific-Asia Workshop on Computational Intelligence and Industrial Application, 2008: 461- 465.

[118] AILON A. Trajectory tracking control of a PVTOL aircraft based on linear algebra theory[J]. Asian Journal of Control, 2014, 16(6): 1849-1858.

[119] TURKER T, GORGUN H, CANSEVER G. Stabilization of uncoupled PVTOL aircraft based on a Lyapunov function[J]. Transactions of the Institute of Measurement and Control, 2012, 34(5): 578-584.

[120] MARCONI L, ISIDORI A, SERRANI A. Autonomous vertical landing on an oscillating platform: an internal-mode based approach[J]. Automatica, 2002, 38(1): 21-32.

[121] EMAMI S A, REZAEIZADEH A. Adaptive model predictive control-based attitude and trajectory tracking of a VTOL aircraft[J]. IET Control Theory

and Applications,2018,12(15):2031-2042.

[122] CHADLI M, AOUAOUDA S, KARIMI H R, et al. Robust fault tolerant tracking controller design for a VTOL aircraft[J]. Journal of the Franklin Institute,2013,350(9):2627-2645.

[123] 朱斌,陈庆伟. 垂直/短距起降飞机的轨迹跟踪控制器设计[J]. 自动化学报,2018,44(XX):1-11.

[124] FRYE M T, DING S, QIAN C, et al. Fast convergent observer design for output feedback stabilisation of a planar vertical takeoff and landing aircraft [J]. IET Control Theory and Applications,2010,4(4):690-700.

[125] OLFATI-SABER R. Global configuration stabilization for the VTOL aircraft with strong input coupling [J]. IEEE Transactions on Automatic Control, 2002,47(11):1949-1952.

已发表本课题相关科研成果

发表的学术论文：

[1] ZOU LIYING, LI HUIGUANG, ZHAO WEI, et al. Imaged-based visual servo control for a VTOL aircraft[J]. Mathematical Problems in Engineering, 2017 (2017): 1-7. (SCI 入藏号: WOS: 000412002900001; EI 收录号: 20174304305675)

[2] ZOU LIYING, LI HUIGUANG, CHEN JI, et al. Robust output tracking control of VTOL aircraft based on immersion and manifold invariance[J]. ICIC Express Letters, Part B: Applications, 2016, 7(2): 329-336. (EI 收录号: 20161002048852)

[3] 邹立颖,李惠光,李国友. 基于非线性干扰观测器的 VTOL 飞行器跟踪控制[J]. 高技术通讯,2015,25(10-11):935-940. (一级期刊,1B)

[4] 邹立颖,王红艳,苗凤娟,等. VTOL 飞行器有限时间轨迹跟踪控制[J]. 高技术通讯,2018,28(8):743-747. (一级期刊,1B)

[5] 邹立颖,王红艳,苗凤娟. VTOL 飞行器有限时间输出反馈跟踪控制[J]. 高技术通讯,2018,28(9-10):861-866. (一级期刊,1B)

[6] 邹立颖,苗凤娟,朱磊,等. 基于分层滑模控制的 VTOL 飞行器轨迹跟踪[J]. 电子技术应用,2015,41(4):152-155. (北大中文核心)